解码河长制
践行河长制

——读懂、弄通、做实河长制

傅　涛◎著

中国水利水电出版社
www.waterpub.com.cn
·北京·

内 容 提 要

本书从深化生态文明建设改革与实践出发，立足于“以人民为中心”的时代背景，探索践行河长制从“有名”到“有实”，再到“有效”的路径，对困惑河长制的一些问题进行了探索性解答。同时，在大量实践案例调研的基础上，提出了“1个目标”“6个统筹“3个支撑”的“1＋6＋3”河长制落地路径。

本书既是一次尝试“弄通”河长制的理论探讨，也是一次实践总结，适合各级河长“读懂”“做实”河长制。

图书在版编目（CIP）数据

解码河长制 践行河长制 ： 读懂、弄通、做实河长制 / 傅涛著. -- 北京 ： 中国水利水电出版社, 2020.10
ISBN 978-7-5170-9018-2

Ⅰ. ①解… Ⅱ. ①傅… Ⅲ. ①河道整治－责任制－研究－中国 Ⅳ. ①TV882

中国版本图书馆CIP数据核字(2020)第206362号

书 名	**解码河长制 践行河长制** ——读懂、弄通、做实河长制 JIEMA HEZHANGZHI JIANXING HEZHANGZHI ——DUDONG NONGTONG ZUOSHI HEZHANGZHI
作 者	傅 涛 著
出版发行	中国水利水电出版社 （北京市海淀区玉渊潭南路1号D座 100038） 网址：www.waterpub.com.cn E-mail：sales@waterpub.com.cn 电话：（010）68367658（营销中心）
经 售	北京科水图书销售中心（零售） 电话：（010）88383994、63202643、68545874 全国各地新华书店和相关出版物销售网点
排 版	中国水利水电出版社微机排版中心
印 刷	清淞永业（天津）印刷有限公司
规 格	175mm×245mm 16开本 8.5印张 118千字
版 次	2020年10月第1版 2020年10月第1次印刷
印 数	0001—3000册
定 价	**68.00**元

序

生态文明对中国人来说，既熟悉又遥远。

说它熟悉，那是因为天人合一、道法自然的理念是中国人心中的呼唤，是中华文化上下五千年的共鸣，也是生态文明理念的核心组成；说她遥远，那是因为当下的生态文明理念是高度工业化以后的新内涵，长期的工业文明洗礼，让我们与传统的生态理念渐行渐远，真正回归并非易事。

生态文明是人类社会发展进程中的伟大梦想与实践。

原始社会是没有社会化分工下的大生态，人们在弱肉强食的大自然中食不果腹；农业文明是一种小的生态循环，人们实现了低水平上的丰衣足食；工业文明的大分工是对农业小生态的革命，物质在局部极大过剩，贸易成为化解主要矛盾的手段；生态文明是基于工业大分工后的大生态，是基于工业大分工的升级，对自然的保护和利用更加充分，从用户导向来组织生产，大生态中存在更广泛的链接，在更大尺度上系统优化。因此，从工业文明升级跨越到生态文明是一次巨大的飞跃。

知易行难，愿景很丰满，生态文明在落地过程中有巨大的难度，会出现许多难以落地的困局。这些困局的表象之一是认为生态文明是一种空想，是中国的“作秀”；表象之二是不能认知生态文明的丰富内涵，说一套做一套，读完生态文明的要求，做的还是原来的，只是套了一个生态文明的帽子；更多的表象是生态文明在实施过程中的变形，照猫画虎，似是而非，不能做出实际效果。

生态文明的落地需要人类社会价值观的升级，需要现代科学体系的逻辑关系的升级。沿袭工业文明的思维惯性，就无法真正理解生态文明，不能理解就不能践行。生态文明的落地需要理论工具的升级，生态文明所面临的经济规律、社会治理规律、文化规律都在发生变化。生态文明的落地需要系统性推进，即便思想上理解了生态文明，没有系统的推进，也不能落地。就像目前新冠疫情防治，并非只是卫生医疗手段就能够应对，需要更多的非医疗手段系统配合。

2000年成立的E20环境平台，核心使命是为生态文明打造产业根基，E20研究院是一个立志于将理论转化为实践的智库机构，为促进生态文明理念的落地，E20研究院撰写了本套丛书。

本套丛书选择了生态文明落地的一组综合性话题，开展了长期的实证研究，目前有九个选题：

《两山经济》从经济学的角度，专题论证了“绿水青山就是金山银山”落地生根的四大价值规律，努力为生态文明提供经济理论支撑。

《解码河长制　践行河长制——读懂、弄通、做实河长制》从管理学角度，回答现代行政管理体制面临跨出行政区域和跨专业分工的系统管理难题，给出有效做实河长制的方法论。

《正本清源》通过流域生态补偿机制问题与落地难题的解析，回答生态文明之下生态价值在流域中的体现路径。

《发展的境界》从生态文明出发，论证面向2030年国际可持续发展的核心内涵，探索在中国城市的落地路径。

《垃圾分类不简单》面对目前垃圾分类在中国全面推开的大背景，从无害化、资源化的基本要求出发，探求支撑社会治理结构升级和垃圾分类时尚化的落地路径。

《工业企业必选项》结合中国作为世界工厂所面临的工业绿色化升级的诸多困境，系统论证以差异化绿色管控为支撑的工业绿色化的必选路径。

《构筑转化之桥》针对中国环境科技投资大、转化率低的困境，结合中国环境科技产业化特点，服务于中国环境治理的现实需求，提出跨越科技转化鸿沟的路径。

《环境产业导论》从近20年的环境产业历史出发，系统论述了支撑两山经济的产业基础，指明了中国环境产业发展的未来。

《人民的感知》良好的生态环境是最普惠的民生，

以人民利益为中心，读懂、弄通、做实环境领域践行十九大精神的路径。

以上是E20研究院近20年的实践研究成果，研究内容结合作者长期的行政管理、理论研究和产业实践，力求深入浅出，为中国环境管理者、产业从业者提供理论结合实践的指导。

因疫情期间的封闭管理，让我们的研究团队，能够集中精力，把前期的思考和实践系统总结成书，虽然不完全成熟，毕竟开启了生态文明产业落地研究的序幕，敬请各界人士批评指正。

傅涛

2020年4月

前言 PREFACE

中华文明五千年历史是与水结缘的文明史。黄河是中华民族的母亲河，长江是中华文明的发源地之一；治水与治国密不可分，历代善治国者均以治水为重，深知水旱之灾可能动摇国之根本；农业文明的每一个盛世都得益于水利建设的进步，民生与农业有所保障，无不得益于治水的成功。

河长制作为新时代治水工作的创新之举，成为续写中华治水文明新篇章中浓墨重彩的一笔，也延续了我国在改革中不断解决实际问题的开拓创新精神。

生态文明建设是关系中华民族永续发展的根本大计。党的十八大以来，以习近平同志为核心的党中央把生态文明建设纳入“五位一体”总体布局和“四个全面”战略布局，持续深化生态文明制度改革，坚决贯彻绿色发展理念，开创了生态环境保护新局面。全面推行河长制是生态文明建设的重大举措。

改革开放40多年来，我国社会主义事业建设取得了巨大成就，各项事业的迭代创新和不断改革，也成就了中国经济的持续增长。每一次重大的改革举措都是在原有体制机制上的创新，围绕当下的核心目标，突破原有的行动惯性，为社会建设注入新的动力。

每一项成功的体制机制改革，都是在排除各种不确定性因素之后，梳理清晰各方新的权责利关系之下，集中优势力量深耕实践的结果。在改革实践过程中不断出现问题，不能因为问题而否定改革的方向，历经各种问题之后，将改革创新体系落到实处，才能看到成效。

改革措施要落地实处，首先，要吃透在生态文明的大背景下的改革初心，明确改革的根本出发点，理解改革本身的深刻含义，即“读懂”；其次，要结合各个板块的特征和属性，明确自己在改革结构中的新定位、新方法、新使命，明确在新的体系下各关联方的协同关系，需要在每一个环节体现改革的初心，这个环节为“弄通”；只有弄通了才能够把工作“做实”，做实就是将初心落实到具体工作中，落实到具体行动中。做实了可能有效果，但未必一定见成效，还需要在行动中不忘初心，不断修正调整，接到地气，做出成效。

河长制的实践与探索正是秉承了这一规律。全面推行河长制以来，各级政府及相关部门进行了积极尝试，从河长制的顶层设计到基层实践过程中，遇到了很多的问题和困惑，本书既是一次尝试“弄通”河长制的理论探讨，也是一次实践总结，希望帮助各级河长“读懂”“做实”河长制。

本书从深化生态文明建设改革与实践出发，立足于“以人民为中心”的时代背景，探索践行河长制从“有名”到“有实”，再到“有效”的路径，对困惑河长制的一些问题进行了探索性解答。同时，在大量实践案例调研的基础上，提出了“1个目标”“6个统筹”“3个支撑”的“1+6+3”河长制系统实践框架。本书针对河长制开展研究所取得的初步成果，期待各方的批评与指正。

关于河长制的研究工作历时一年，作者所在研究团队对落实河长制成效较为突出、特点鲜明的地区进行了多次实地调研，得到了相关政府部门、研究机构、企业以及高校的大力支持，特别是中华人民共和国水利部河湖管理司、上海市水务局、上海市河长制办公室、浙江省“五水共治”办公室、福建省河长制办公室等给予帮助和指导，以及与上海市政工程设计研究总院（集团）有限公司、同济大学、复旦大学、上海交通大学、福建农林大学、河海大学河长制研究与培训中心等机构的专家学者共同交流学习，还有上海万朗水务集团等企业的支持，在此一并表示由衷感谢！

河长制是新时代、新要求背景下的一项重大改革举措，必将为探索我国生态文明建设贡献“上善若水”的智慧方案。

傅涛

2020年6月25日

于北京玉泉慧谷

目录 CONTENTS

序

前言

第 1 章　善治国者必重治水 …… 1

1.1　治水的历史 …… 2

1.2　水文化传承 …… 4

1.3　治水新重任 …… 7

第 2 章　河长制的初心 …… 9

2.1　河长制建立的时代背景 …… 10

2.2　河长制的创新实践作用 …… 12

2.3　回归初心 …… 16

第 3 章　解码河长制 …… 19

3.1　谁是河长 …… 20

3.2　河长制就是河长机制 …… 24

3.3　河长制办公室的作用 …… 33

第 4 章　践行河长制 …… 35

4.1　河长制实践思路 …… 36

4.2　河长制实践体系构建 …………………………………… 38

第5章　河长制实践优秀案例 …………………………………… 57

5.1　系统落实河长制的典型——浙江省德清县 ………………… 58
5.2　网格化管理做实河长制——浙江省湖州市 ………………… 69
5.3　河长权力与职责的创新——福建省 ……………………… 77
5.4　河长制的创新和探索——上海市 ………………………… 87
5.5　河长制在横向流域管理中的实践——重庆市 ……………… 97
5.6　河长制在水环境综合治理工作中的实践——江苏省苏州市…… 106

第6章　河长制的未来 ………………………………………… 117

6.1　回归人民感知 ………………………………………… 118
6.2　常态化趋势 …………………………………………… 118
6.3　社会化趋势 …………………………………………… 119
6.4　智慧化趋势 …………………………………………… 120

第1章　善治国者必重治水

河长制作为新时代生态文明建设制度创新的代表之一，是解决我国当前面临错综复杂治水问题的伟大实践成果。在读懂河长制，解码河长制，践行河长制之前，首先要正确认识治水，回顾治水的历史与文化，清晰地认识当前面临的水问题，以及河长制的非凡意义。

“善治国者，必重水利，善为国者，必先除水旱”。在我国，治水与治国始终密不可分，治国的历史就是一部穿插着水害肆虐与治水抗旱的发展史，水利建设成为人类最早改造自然的工程之一，治水也成了人类与自然抗争最前沿、最直接的部分。治水的历史长河中涌现出许多生动的神话传说和历史故事，同时水文化也发源流传至此，融入中华文化并成为其源远流长的精髓之基。

1.1　治水的历史

从大禹治水开始，中华民族积累了几千年的治水宝贵经验，治水兴邦的理念，更深层次的是人定胜天的不屈抗争精神。

他是黄帝的后代，由于三皇五帝时期黄河大水泛滥成灾，民不聊生。鲧、禹父子二人受命任崇伯和夏伯，负责治水。大禹率领民众，与自然灾害中的洪水斗争，治水 13 年，耗尽心血，最终完成治水大业，为后人所敬仰。大禹为了治理洪水，长年在一线奋战，舍小家为大家，“三过家门而不入”。大禹从鲧治水的失败中汲取教训，改变了“堵”的行为方式，对洪水进行疏导，体现大禹的聪明才智，“堵不如疏”的思维不仅被后人用于治水，更普遍应用于社会活动的各个层面，成为普世的哲学智慧。

都江堰水利工程是历史上最为壮丽的水利工程之一，早在公元前 256 年秦昭王收复蜀国，任李冰为蜀郡太守，当时蜀地非旱即涝，有“泽国”“赤盆”之称。在此期间，李冰为杜绝此象，兴修水利，在岷江口组织修建了我国早期的水利灌溉工程，也就是如今驰名中外的都江堰，从而保障成都平原的水安河稳，使其成为民丰富饶之地。都江堰规模宏大，因地适宜，布局合理，兼有防洪、灌溉、航行三种作用，两千多年来，一直发挥着巨大的排灌作用，确保了当地农业生产和社会民生。在都江堰建造的设计中，李冰充分运用“道法自然”的思想，因地制宜，并巧妙发明了许多沿用至今的水利技术。采用大石在江心筑堰失败后，李冰突发奇想，“破竹为笼，圆径三尺，长十丈，以石实之，累而壅水。”从而在湍急的江流中以竹笼装石头来垒砌，建起分水大堤，这种技术在如今的水利建设中也常使用，只不过竹笼变成了铁笼。由于季节交替的河道时涝时旱，无法掌握河流的水量水深，李冰采用“作三石人，立三水中，与江神要。水竭不至足，盛不没肩。”以石人作为观测水位的标尺，成为最早有记载的水则标准。都江堰历经千年不倒，不仅是水利史上的明珠，更传承了千年水文化，文化古迹众多，每年观潮盛世流传至今，吸引众多海内外游客。

唐太宗李世民以治水领悟治国安邦的哲学，开创贞观之治。唐太宗即位之初，黄河流域水旱连发，百姓流离失所，社会动荡。他汲取隋朝灭亡的教训，告诫臣民，“水所以载舟，亦所以覆舟，民犹水也，君犹舟也”。于是，他设义仓，免徭役，修水利，扶农桑，实行改革，复苏经济，终于形成了吏治清明、国强民殷的“贞观之治”。唐太宗在位 23 年，他把治水与德政联系起来，升华为哲学思想，形成了治水安邦的政治思想，促进水利事业发展和治国方略成熟的标志。唐太宗非常推崇大禹的人品和治水功绩，他对治理黄河水患、修筑海堤等都时刻挂在心上，亲临视察，节衣缩食，修筑了许多治河工程，为老百姓创造了安居乐业的环境。

以开创“康乾盛世”著名的康熙皇帝更是把治水推到了极致。清兵入关之后，百废待兴，百业待举，康熙皇帝却说：“朕听政以来，三藩及河务、漕运为三大事，夙夜廑念，曾书而悬之宫中柱上”。“三藩”是一个政治问题，另外两件大事都与水利有关。所谓“河务”，指的就是黄河防

洪；所谓“漕运”，即通过运河进行南粮北调。康熙皇帝把河务、漕运与平叛三藩并列，作为施政的头等大事，足以证明其重视水利的程度，以及治水在当时国家政治生活中所处的地位。乾隆皇帝也十分重视治河工程和水利事业的发展，认为水利“关系国计民生，最为紧要”。他也曾多次巡察，指导治河，先后任命鄂而泰、孙嘉淦、方观承等主持治理，采取了修筑堤埝、修建水坝、疏浚河道等措施，提高了河道防洪能力，确保了黄河流域一方百姓的休养生息。

1.2　水文化传承

治水关乎民生，滋养民族文化。治水之始是为民生，为百姓提供休养生息的同时，中华水文化得以孕育和发扬，这一过程中治水与文化相互交融，密不可分。所谓水文化，就是在人类社会历史发展过程中，积累起来的关于如何认识水、治理水、利用水、爱护水、欣赏水的物质和精神的总和。中华民族以长江、黄河为主干的治水之始，迸发出绚烂的水文化，滋养着中华文明。

水是中华文明不可或缺的元素。提及我国的水文化，可谓源远流长，包罗万象，其中不仅饱含古人智慧，更衍生出许多天人之道、处世之学、统兵之理、治世之本，影响着人们的生存方式、行为准则、生产关系、思维境界、审美视角等不同层面。

中国道教中经常提及的五行之说，就是古代人们创造与水有关的一种哲学思想，在思考世间万物之源，生命之源的过程中，水文化不仅渗透于思考世间万物之始，更留存于人类社会的处世之道，人们从水的身上思考和学会了许多哲学思想。

水文化阐述世间万物的“道”。“道可道，非常道；名可名，非常名。”古人对世间万物规律的认知，集中在“道”的理解上，可谓说不清也道不明，很多时候以水为元素，描述万物之道，形成直观易懂的行动方略，或哲理深邃的为人处世之道，让水文化变得丰富多彩。

《道德经》有云：“上善若水，水善利万物而不争，处众人之所恶，故几于道。”认为水是至柔至善之物，性为绵绵密密，动则波涛汹涌，静则润物无声，人的德行就应该如水一般，因此“上善若水”被视为人最高境界的品性德行，这种如水至善的文化深深植入民族基因。

不仅于此，水文化在处世哲学上的博大精深更是不胜枚举。例如虽然力量很小，但只要专注目标并持之以恒，一定能将艰难的事情办成，犹如“滴水穿石”的力量。“海纳百川，有容乃大”则是比喻大海可以容纳无数的江河湖水，指人应该有海一样的宽广胸襟，以容纳和融合立身，形成大志大气，不要有方寸之心，而当立有容之德。俗语“人往高处走，水往低处流”则是指水在重力的作用下往低处流淌，这是自然规律，而人应该有向上的志气，不断提升自己，勇攀高峰，向上发展的追求，这是人的本性。《吕氏春秋》所记载“流水不腐，户枢不蠹”意指经常流动的水不会发臭，而经常转动的门轴不会被虫子蛀咬，比喻人要保持经常运动，生命力才能持久，身体才有旺盛的活力。

而且，在古代的军事战争中古人也从水中悟出带兵打仗的方法，参透许多与水有关的哲学之道。“兵无常势，水无常形；因敌变化而取胜者，谓之神。”出自《孙子兵法》

虚实篇，指用兵作战要根据敌情的变化来采取灵活机动的战略战术，不能墨守某种作战方法，而应该灵活指挥战争。诸如此类的参悟还有“兵来将挡，水来土掩”，也是指要因地制宜，灵活应对。

水文化不止于哲学层面的思考，水在文学作品中的出现更是数不胜数，尤其是关于水的诗词古句流传最为广泛，古人寄情与山水之间，对水的描写与歌颂可谓丰富多彩。如“关关雎鸠，在河之洲，窈窕淑女，君子好逑。”“大漠孤烟直，长河落日圆。”“大江东去，浪淘尽，千古风流人物。”无论是写实还是寄情于景，水都是不可或缺的元素。

河长制是系统治水的“牛鼻子”。治水是一项系统性工作，不仅包括水环境治理、水生态恢复、水资源调配，更涉及技术应用、资金配套、工程建设、宣传引导、全民参与等各个方面的统筹，点上的工作难以达到面上的效果，需要政府找到“总绳头”，抓住治水“牛鼻子”，牵动社会方方面面的资源，投入到系统治水当中。

河长制作为新时代系统治水理念的实践应用，也是以生态文明思想为载体的现代水文化的一部分，随着河长制在我国的全面落实，许多治河的理念、管河的经验也会融入到社会文明与文化建设中，成为现代水文化得以创新发展的领域之一，河长制也会成为未来水文化的元素之一。

治水的历史悠久，伴生于人类社会文明的发展，也贯穿了中华文化的过往。在当前的历史阶段，治水已成为社会发展的基本动作，许多水利技术和水利工程筑就起社会进步的基石。河长制作为当前治水的“牛鼻子”，不仅是体制机制改革的实践应用，更为生态文明建设增添动力。

1.3 治水新重任

中华人民共和国成立之初，百废待兴，治水安邦更是重中之重，历任国家领导人无不重视水利建设工作。1952年10月，毛泽东视察黄河，提出“南方水多，北方水少，如有可能，借点水来也是可以的。”这是第一次提出南水北调的宏伟设想，历经几代人的努力，我们也正在一步步实现这伟大构想。事实也证明，水利工程建设成为稳定社会发展的重要基石，不仅仅是南水北调工程，我国的三峡水利工程、荆江分洪工程、红旗渠、葛洲坝、小浪底等著名的中国水利工程建设成果，在水资源调配、防洪防涝、航运等方面发挥重要作用，勾勒出新中国成立以来治水为国的蓝图。

党的十八大将生态文明建设纳入“五位一体”中国特色社会主义总体布局，要求“把生态文明建设放在突出位置，融入经济建设、政治建设、文化建设、社会建设各方面和全过程”，以治水兴水为重任，开创水环境建设新局面，成为当前生态文明建设的主要任务之一。水是生态文明之基，而长江、黄河更是中华民族延续的纽带，新时代的治水前沿阵地也将是以长江、黄河流域为重心的河道治理与改善。党和国家领导人高度重视治水安邦，多次在对长江、黄河的视察中提出生态文明建设的战略规划。2016年1月5日，习近平总书记在重庆召开推动长江经济带发展座谈会时，首次提出“共抓大保护，不搞大开发”的长江治水思想，这也成为统筹长江经济带区域协同发展的基调。2018年4月25日，习近平总书记在荆州了解长江干线

航道治理、荆江大堤保护等情况时，重申了“共抓大保护，不搞大开发”的重大战略意义。不仅是长江，习近平总书记在多次考察黄河治理时，提出“保护黄河是事关中华民族伟大复兴和永续发展的千秋大计”“让黄河成为造福人民的幸福河”“治理黄河，重在保护，要在治理”，黄河流域的治理要遵循“宜水则水、宜山则山，宜粮则粮、宜农则农，宜工则工、宜商则商”的原则。

中国特色社会主义建设进入新时代，以治水为重的生态文明建设进入深水区，治水不仅与经济、社会、民生有关，更关系到全面脱贫奔小康、美丽乡村建设等具体国家战略的各项推进工作，治水任务更艰巨，所面临的问题也更错综复杂。河长制就是以深化改革引领新时代创新发展的典型代表，是目前推进我国系统治水的顶层设计，也是承担现阶段治水重任、传承新时代治水文化的创新载体。

第2章 河长制的初心

在加快推进生态文明制度体系建设的背景下，河长制的建立成为保障治水有效、管河有人的典型制度之一。作为河湖水环境治理的有效抓手，河长制的建立统筹了各个部门，全面落实河湖治水工作的责任。通过分析河长制建立的背景、了解河长制的主要任务，才能理解河长制建立的初心。

2.1　河长制建立的时代背景

1. 新时代孕育新文明

21 世纪以来，人类社会对文明的探索与构建达到前所未有的高度，以极快的速度、极大的张力，呈现出多元共生的形态。在全球化的大趋势下，新的文明意识形态为人类社会融合发展提供了更多可能。不同文明意识形态的交融共生、新旧更替有了坚实基础。

2. 新文明的引领者

作者导读

中国是新文明的创造者和引领着。

党的十八大将生态文明建设纳入“五位一体”中国特色社会主义总体布局，要求“把生态文明建设放在突出地位，融入经济建设、政治建设、文化建设、社会建设各方面和全过程”。我国进入全面践行生态文明建设的快车道，在丰富现代化建设理论体系、制度创新体系的基础上，社会发展实践和生态环境提升的成效显著。

我国所倡导的生态文明，向全人类描绘了一幅人与自然和谐共生、人类社会永续长存的美好画卷；引领着全球生态文明的新发展，在传播中华民族“天人合一”优秀传统文化，强化“人类命运共同体”的同时，更是以“道路自信、理论自信、制度自信、文化自信”为新时代的指引，坚定不移走中国特色社会主义道路。在更长远的时间轴上构建新的人类文明。

3. 新时代、新征程

为实现中华民族伟大复兴和全面建成小康社会，生态文明建设的顶层设计，要求治水必须开拓新的局面，同时兼顾管水、护水、爱水，传承和发扬水文化，面临历史积累的问题，以及不同层次的挑战。以创新为首的“五大发展理念”指引下的河长制，作为治水的创新机制，在全国范围内开始落实。

水是生命之基、自然之魂，水对自然生态以及人类社会延续发展的重要性不言而喻。水与人类生存、城市建设、产业发展密不可分。十九大报告指出以山水林田湖草统筹治理推进生态文明建设，山以水为灵，林、田、湖、草均以水为依存，都与水有千丝万缕的联系，水是一个触点，联通万物。

作者导读

生态文明离不开水。

水是生态文明建设的第一要素，水环境的改善直接决定水生态文明的优劣程度，决定生态文明建设的优劣程度。

4. 河长制建立的必然性

因水而生，以河为源，追求长治久安，河长制的出现有其必然趋势。生态文明建设是以生态环境质量提升与改善为基础，在环境污染治理、机制体制创新、文明意识引导等方面进行系统推进建设。其中，以水环境系统治理、水生态长效管理为目标，在全国范围内推行的河长制，是对生态文明建设体制机制的重要创新和补充。

2003 年，浙江省长兴县为创建国家卫生城市，在卫生责任片区、道路、街道推出了“片长”“路长”“里弄长”。这一以区块划分的创新责任管理形式使城区面貌焕然一新。同年 10 月，在全县范围内对城区河流试行“河长制”，由时任水利局等部门负责人担任河长，对水系开展清淤、保洁等整治行动。

5. 河长制进入国家治理体系

2007年，太湖水质恶化，不利的气候导致太湖暴发大面积蓝藻，引发无锡市的饮水危机。同年8月，无锡市印发《无锡市河（湖、库、荡、氿）断面水质控制目标及考核办法（试行）》，将河流断面水质检测结果纳入各市县区党政主要负责人的政绩考核内容，各市县区不按期报告或拒报、谎报水质检测结果的，按有关规定追究责任。无锡市党政主要负责人分别担任了64条河流的河长。随后，河长制在太湖流域相继推广，浙江、江苏等省陆续推行河长制试点工作。由于推广成效显著，2016年12月，中共中央办公厅、国务院办公厅印发了《关于全面推行河长制的意见》，要求各地区各部门结合实际认真贯彻落实。2017年，习近平总书记在新年贺词中发出“每条河流要有‘河长’了”的号令。自此河长制在全国推行。

6. 湖长制的建立

作者导读

湖长制紧随其后。

为全面统筹与水有关的工作，国家开展了河长制、湖长制等探索与实践。其中，湖长制是在河长制基础上对全面快速治好水管好水的必要补充，建立人人有责、人人参与的湖泊管理制度和运行机制。2019年1月24日，水利部举行全面建立湖长制的新闻通气会，介绍了我国已全面建立湖长制的情况。其中，在1.4万个湖泊（含人工湖泊）设立省、市、县、乡四级湖长2.4万名；省级领导担任最高层级湖长85名；设立村级湖长3.3万名。

2.2　河长制的创新实践作用

通过河长制的建立，可以看到河长制是我国为应对重大水环境危机，在基层实践工作中探索并提炼升华的一种管理机制。河长制来源于基层实践，适用于我国水环境管理现状，并有很大的提升和创新空间。

（一）系统治水

国家正在大力推行的四大跨区域协调发展重大战略，除了京津冀协同发展之外，长江三角洲区域一体化、长江经济带发展、粤港澳大湾区建设，都是以水环境建设为切入口，在生态文明视角下探索创新区域经济发展的新模式。作为中国经济发展的先行区、活跃区，在改革开放40余年、工业急速发展的背景下，这些重点区域聚集了大量产业和人口，水环境质量已经降低到红线阈值。在保障社会民生的首要前提下，区域经济要想获得新的发展动力，水环境质量改善是基础和切入点。在水利、环保、住建等分割治水的历史背景下，过去点状的治理与管理已无法满足新时代生态文明建设对水环境的需求，需要在区域协调发展的创新模式下，对水的管理机制也有所创新、向前迈进。

> 作者导读
> **点状治理已不能保障水环境质量。**

2014年3月，在中央财经领导小组会议上，习近平总书记提出了“节水优先、空间均衡、系统治理、两手发力”的新时代治水思路。作为生态文明建设的重要环节，河长制是以水环境、水资源、水生态的系统优化为最终目的，是“系统治理”理念的创新机制之一。河长制工作落实的情况直接关系到水生态环境的治理效果，关系到生态文明建设的落地。

> 作者导读
> **系统治理离不开河长制。**

（二）制度化管理

长期以来，治水成为国家意志的集中体现，从侧面反映了国家的管理水平和能力。历届政府非常重视治水工作，

> 作者导读
> **治水是政治的重要组成部分，是现代治理结构的组成。**

如“南水北调”等一系列水利工程建设重大决策，有效支撑了社会经济的快速发展和民生保障。

水环境治理的理念在变化，治水思维在转变。河长制是一种生态文明建设的机制创新，是落实新治水理念的必要工具。2016 年中共中央办公厅、国务院办公厅印发了《关于全面推行河长制的意见》，要求以水环境治理目标为指引，各地因地制宜全面推行河长制管理体系。截至 2018 年 6 月，全国 31 个省（自治区、直辖市）已全面建立河长制，明确省、市、县、乡四级河长 30 多万名。

河长制从目前较为突出的水问题切入，为解决水问题而建立了新的管理机制，将与水有关的社会问题、经济问题、产业问题等集中纳入河长制当中，成为优化提升现代治理结构的重要创新。

（三）机制创新推动体制改革

1. 长远的战略眼光

百姓关心的事就是党中央关心的事，也是各级行政部门要解决的事。中国特色社会主义进入新时代，我国社会主要矛盾已经转化为人民日益增长的美好生活需要和不平衡不充分的发展之间的矛盾。现阶段，社会关注、百姓关切的突出问题就是生态环境质量改善。近几年，在区域联动治理之下大气污染防治效果明显，从而显得水治理问题更加凸显，成为人民关切的话题。在传统方式收效不显著的时候，各级政府需要不断探索治水体制机制创新，从政治的高度、系统的视角推动环境问题的有效解决。河长制的建立将有效解决人民对美好水环境的需求与河湖污染严重之间的矛盾，及社会发展不平衡不充分的矛盾。为解决

作者导读

河长制是解决社会突出矛盾的“良药”；是机制创新体系试验田上的“先头兵”。

我国水环境、水资源、水生态面临的系统问题，不仅要治理好全国所有的河道，更要让全国水环境质量大幅提升。河长制是深化落实“水十条”的有力抓手。

2. 生态文明建设机制创新的突破口

以创新、协调、绿色、开放、共享五大发展理念为指引，在生态文明建设背景下，开展机制创新前沿探索，河长制作为创新实践之一，与落实绿色发展理念的契合度很高，与乡村振兴内在联系紧密。因此，河长制不仅是水环境治理机制上的创新与升级，更是在治水、护水、管水、用水上的系统升华，为解决历史发展遗留问题、解决经济与环境的绿色发展问题提供了有效途径。

3. 最严格水资源管理制度的创新

2012年1月，国务院发布《关于实行最严格水资源管理制度的意见》，对实行最严格水资源管理制度作出全面部署和具体安排，是指导当前和今后一个时期我国水资源水环境工作的纲领性文件。该文件的出台表明政府对治水管水的态度有很大转变，从过去认为水资源是服务于社会发展的要素，转而认为水资源是最重要的社会财富，要以最严格的制度来管理和保护，强调水资源管理的重要性和急迫性。

太湖流域的河长制就是在执行最严格水资源管理制度、改善水环境质量工作方面的一项全新探索。要执行最严格的管理制度，河长制需要做好社会管理的顶层设计和意识引导，在全社会范围内形成严格管水的文明意识，推动公众对水的认识、水文明意识形态的改变。

（四）推动社会治理结构优化

1. 激发社会参与

河长制进一步推动社会治理的结构优化，特别是在社会参与方面发挥积极作用。所谓“三分治、七分养”，落实河长制就是在政府主导治理工作的同时，引导公众参与，推行长效的河道养护机制，以水文化、水文明为牵引，让护水管水成为百姓意识里时尚、文明的主流思想，调动人民群众的主人翁意识，强化社会参与感，构建公众参与模式。

2. 推动管理思维模式转变

过去水资源管理责任归口水利部门，而水污染防治、水的利用等则以环保、住建为责任部门，各个部门有自己的管水思维，形成九龙治水但都治不好的局面。当下，明确了以河长制为“牛鼻子”，建立统筹协调机制，水利部门在水资源管理上从工程管理向水务服务的思维转变，其他各部门的管理思维也在转变。同时，河长制的具体工作很多是社会管理，在水资源管理、水环境治理、水生态修复等方面由政府主导转变为社会共同参与、人民群众共同担当的管理模式。

在新时代的社会管理体系之下，对水的管理提出新的要求，以水定城、以水定人、以水定产，水管理要匹配城市发展、人口规模以及产业结构调整。河长制不仅仅是治水管水，也是社会管理工作的重要部分，推动社会管理思维模式转变。

2.3　回归初心

当生态文明建设进入实质攻坚阶段，很多历史积累的环境问题摆在了眼前，水的好坏直接决定了生态文明建设的成败。为解决水的系统性难题，需要建立新的治理机制。同时，水文化、水文明建设水环境的突出问题让人与水之间的隔膜越来越深，需要改善水的基础。河长制正是在这个背景下发源于各地实践。

全面推广建立河长制的初心，是以水环境、水生态、水资源的系统治理为目标，在河流治理与管理上实施党政同责，清晰明确政府对河流的完全责任，为生态文明建设筑起一道安全屏障，追求人民享有更大的水生态环境权益。只有不忘河长制的初心，才能读懂河长制。

第3章 解码河长制

作为在现有行政体制基础上，为提升水生态环境质量而进行的机制创新，河长制的出台和落实，对当前水问题的系统解决起到决定性作用。将河长制真正落实到全国，并在机制运行和管理上充分发挥作用，切实改善我国水环境质量，就要充分理解谁是河长，弄通河长制。

3.1 谁是河长

1. 法制依据

作者导读

党政一把手是法定河长。

十二届全国人大常委会第二十八次会议表决通过新修改的《中华人民共和国水污染防治法》中增加了河长制的相关内容，河长制正式入法。《中华人民共和国环境保护法》（2015年修订）明确，地方各级人民政府应当对本行政区域的环境质量负责。地方人民政府是环境责任主体，党政领导要对行政区域内环境负责，代表政府统筹管理保护生态环境要素，水是核心任务之一，因此党政领导对水环境的责任是法定职责。河长就是各级政府的党政领导，是政府在水问题上的全权代表，是统筹与水有关的工作、履行与水有关的责权利的最高党政代表。目的就是让政府在水的责任问题上归位、在权力问题上实现系统统筹。所以党政一把手无论是在行政区域内做总河长，还是作为一条河道的河长，都是体制机制赋予的责任和权力。

作者导读

谁当党政首长，谁就是总河长。

河长就是政府在河的管治上的全权代表，表现为一种责任落实机制，因为政府本来就是在党的授权下对人民负全责的。如果落实河长制是水利部门、环境部门或者其他部门的责任，就只是某一方面的责任而没有尽到全责，只有政府是全责部门，所以河长制不是几个部门或者某一部门来担当河长。政府要统筹河的责任，所以政府首长才是总河长。河长制首先确定总责任，明确总河长，才能逐级落实各级河长的权力和责任，河长制才能执行和贯彻到位。

责任落实到人、制度落实到岗位，是河长制落实到位的基础。河长作为河长制的关键所在也是核心组成，河长的到位与履职情况直接决定了河长制的落实程度和管理工作成效。

作者导读

没有清晰的河长，就没有落实到位的河长制。

2. 职能组成

“治好一方水，管好盛水的盆”，是党领导下的政府不可推卸的责任，关系到社会民生和执政基础。以往，水利、环保、住建、农业等部门都盯着各自的“一盆水”。为全面统筹管理好水，充分协调发挥职能作用，担起一条河的全部责任要明确河长职责组成。

作者导读

任何单一部门都不是“真河长”；所有部门都是河长职能的组成。

水的问题本身就是一个涉及面很广、错综复杂的问题，既包括水资源、水环境、水生态各方面，又包括与水相关的理论、技术、工程、文化等应用层面。水的管理是一项庞大的系统工作，与水有关的权力和责任分散到各个部门，各司其职，影响了水的系统性管理。各部门的衔接和统筹长期存在不通畅、不及时的问题，需要将责任和权力统筹集中在一个点上，这个点就是河长。河长要总负责，要统筹各个部门与水有关的工作，这些部门也是河长制的组成机构。

3. 责任落实

河长的定位是由我国行政体制所决定的，因为河长制的本质是以河长为核心的创新管理方式，是镶嵌在现有体制上的机制新枝。如果让一个部门（如水利部门、环境部门）的领导做总河长或者某一条河的河长，是行不通的，因为任何一个部门不能全权代表整个政府，无法履行全部责任和行使全部权力。

作者导读

河长制代表政府，责任落实到人。

党是人民利益的代表，由党代表人民赋予各级党政领导相关权力，党政领导可以代表政府有充分的权力来行使河长的职能，在管河治河等问题上让权力、责任、能力有很好的匹配，从而更好地解决现实问题。明确了党政一把手领导就是总河长这一原则，那么，谁担任这个职位，谁就是法定河长，这是在体制确立党政职务的基础上，用机制赋予的河长职责。

作者导读

党政副职领导不是法定河长。

总河长是相对于行政区域而言，就是该行政区域的党政一把手，对行政区域内所有河道负责。党政副职领导担任某一河道的河长，要对党政一把手领导负责，也就是对总河长负责。副职领导做河长不是现有行政体系内的法定职务任务，而是机制赋予的职责称谓。

我国的各级地方行政副职领导，是经党委提名，由本级人民代表大会选举产生的。副职领导要对党和人民负责，并不是对正职领导全权负责。但河长制不同，副职领导要做河长需由正职领导任命，并且要对总河长全权负责，总河长肩负政府对河道的全部责任。

在行政区域层面设立有总河长、副总河长、河长制办公室的概念，就河道而言，一条跨越多级行政区域的大河道，在某一行政区域内有总河长，也会在下一级行政区域内设立分段河长。为突出重点河流的重要性，加强重要水域的保护工作，总河长也会担当某些重要河道的河长。

作者导读

副职河长在授权范围内代行总河长职能。

行政级别	总河长（行政区域）	河长（具体河道）
省（自治区、直辖市）	总河长：省委书记、省长 副总河长：党政主要领导	省段河道河长：省委书记、省长 省段副职河长：党政主要领导
市	总河长：市委书记、市长 副总河长：党政主要领导	市段河道河长：市委书记、市长 市段副职河长：党政主要领导

续表

行政级别	总河长（行政区域）	河长（具体河道）
县	总河长：县委书记、县长 副总河长：党政主要领导	县段河道河长：县委书记、县长 县段副职河长：党政主要领导
乡	总河长：乡委书记、乡长 副总河长：党政主要领导	乡段河道河长：乡委书记、乡长 乡段副职河长：党政主要领导

不同的党政职务由人民给予赋权和定岗，但河长有所不同，总河长就是党政首长，党负领导责任，政府负落地责任，是原有行政体系确定的党政职务，而党政副首长的权力不能支撑其作为河长对一条河的全权责任，所以是副职河长。如果副市长作为一条河的河长，代行河长权力并对总河长负责，就需要市长对副市长进行河长的任命与授权。

4. “准职务”解析

河长是政府在河道治理与管理上的责任代表，是协调各部门职能与责任的中枢。河长不是行政职务，但是需要由党政职务的领导来履职，在原有职责上叠加于行政职务的“准职务”。各级地方党政领导担任河长，可以协调统筹，使得各部门的“九龙”为“一龙”；可以根据各地各时段的轻重缓急，分步骤进行系统治理，解决河流水环境治理与水生态管理问题，最终实现河流生态系统的修复。

作者导读

河长不是行政职务，是机制赋予的“准职务”。

2019 年 12 月，十三届全国人大常委会第十五次会议举行分组会议审议长江保护法草案，为长江大保护正式立法踏出关键一步。为长江保护立法，也就找到了长江大保护系统工程的“总绳头”，串联起流域各省、市、县的责任，实现中国最大流域的统筹协调。同样，为黄河保护立法的呼吁也在路上。以立法的方式确立保护长江的法律基础和

作者导读

以立法实现长江责任与权力的集中。

权威，明确各省市对流域的总体责任，实现长江责任与权力集中，奠定长江总河长的法律义务，将此固化成为体制的一部分，也就是在党的领导下，各级政府协同完成复杂而庞大的母亲河统筹治理保护工作，实现母亲河的生态文明建设目标。

3.2　河长制就是河长机制

围绕河长工作职责而建立起来的机制就是河长制。河长制最初是基层人民政府为解决治水问题所探索出来的一种制度创新。这种制度在实践中的成效显著，影响范围越来越大，并在全国范围内推广。河长制源于基层，创新于基层，服务于基层。

3.2.1　河长制解读

河长制是在深入推进生态文明建设背景下，以河道水环境、水生态、水资源系统治理为目标，以地方各级人民政府为责任主体，在河流（湖泊）系统治理关键环节上补位权责、化解职能冲突，在现有体制基础上创新形成的机制和模式。

1. 建立基础

作者导读

我国现行体制下的责任机制是建立河长制的基础。

在我国，党代表最广大人民的根本利益，党领导下的政府服务于人民。在这种体制下，要求党通过体制机制设计，时时刻刻代表人民利益，并且还需要把各项服务工作细化为各类目标，这些目标自上而下由中央纵向分配到各级地方人民政府，横向分配给各个部门，随之而来的是将权力和责任也分化下去。同时，在人民代表大会的监督机制和政治协商机制下，基层的问题可以反馈到党中央，在体制上形成一个民主大循环的闭合体系。所以，在老百姓眼里，治河管水的责任就在政府，各级地方政府代表人民来统筹权利，落实河长责任。

2. 责任落实

全面推行落实河长制，是解决我国水复杂问题所做出的必要选择。这种选择在社会发展的关键时期，平稳有效地提升中国水环境质量，最大程度改善和恢复水生态，加强生态文明建设奠定坚实基础。只有上下统一、目标一致、明确初心，各级河长才更能理解其职责与使命，担负起对河流的管理保护责任；河长制在推行的过程中才不会走弯路，落实更到位。

作者导读

在目标一致的基础上，用机制完善责任落实。

当前，我国各级行政部门的岗位责任在“三定方案”中有明确规定，在河流责任上，有些职能交叉，有些职能则缺位。同时，行政部门在责任尽职上往往会有选择性、倾向性，利益大责任小的事情多抓，责任大、风险大的事情少抓或不抓。在这种情况下，自上而下的责任传导可能会有遗漏。

表现在治水的问题上，就是有督查和有要求的努力抓，但上级没有明确要求的责任落实可能就会缺位。比如河的水质问题、污染防治问题是环保的责任，督查到位了必须严抓，而水的供给和利用则可能是地方水务和住建部门的主要责任，但水生态维护、河里钓鱼、倾倒垃圾的管理等，政府没有给出明确的考核责任，在现实工作中就会选择性不抓。河长制的核心就是让各级党政领导在水的问题上、河道的事情上担起总责任，让政府管理没有缺位，让责任落实没有遗漏，在机制上补全政府工作职能。

3. 管理创新

作者导读

河长制是一种确权，也是管理创新。

责任的基础是明确权力，河长制要落实河流的全面责任，首先是对河流的确权，必须明确权力，整体授权。以往对河流的确权是分块的、分职能的。如环保部门对水环境污染有监督管理权，承担水环境质量的责任。为避免在管理过程中出现交叉和空白，责任不明确的情况，通过河长制的落实，确定河长对河流的全面管理，对河流全面负责。

河长制是一种机制创新、管理创新。这种管理既体现在行政管理上，也表现为一种社会管理形式。河长制有效地确保各部门形成系统运作，是行政管理机制的创新。河长制让河流的管理到位，突出了河流在社会发展中的作用，提升了社会对河流健康的重视，强化了污染管控、水生态修复。河长制让各项管理工作有了依据和抓手。

4. 工作目标

作者导读

“一龙”治水的龙是人民政府。

河长制的建立是解决我国现阶段所面临的水环境等问题的有效措施。总河长进行统筹安排，做好顶层设计，实现“一龙”治好天下水，这“一龙”就是人民政府，而不是某一个部门。河长制就是通过机制上的创新实践来弥补体制上的不足，让水问题得到系统解决。

3.2.2　关系梳理

1. 河长制与河长

河长制规范和明确了各级河长的工作原则、责任、权力、任务和目标，在组织形式上进行了顶层设计，各地在具体落实过程中常常会结合自身特点进行一些创新实践。

总河长调动各级河长、各个部门、各类产业和社会力量，共同完成既定工作任务。各级河长作为重要链接节点，紧密合作。

2. 河长与河长制办公室

在我国政府机构改革的“三定方案（定职能、定机构、定编制）”中，并无河长制办公室的具体规定。河长制办公室不是一个独立的职能机构或者一个政府部门；是配合河长做协调统筹具体工作的临时机构。河长制办公室的工作成效取决于河长的认知和重视程度。

没有到位的河长，就没有到位的河长制办公室。因此，在河长的领导下，河长制办公室是河长的秘书处，统筹协调督办各个部门，而不是代劳各部门的工作。各部门还是要各司其职主动尽责，河长制办公室不是政府独立部门，核心是落实河长的意见。

3. 河长制办公室与职能部门

河长制不仅明确了水资源保护、河湖水域岸线管理保护、水污染防治、水环境治理、水生态修复、执法监管“六大任务”，更确定了管理的范围和权限。岸上岸下的管理、水质的治理与保护、水利工程、防洪防涝等工作，仍然是水利、环境、住建等多个部门分别负责的，河长制办公室的运行不包括管理其他部门的工作职责。各级河长制办公室对其他部门的工作无行政管理权限，但代表河长统筹管理、任务分配与协调、监督管理的责任。河长制办公室不是服务于其他部门的事务性机构，而是为了落实河长的责任和权力进行沟通协调、统筹管理和责任考核等工作。河长制办公室是为各级河长在工作上提供的运行保障的实施机构，是河长的助手。

4. 河长制与社会参与

河长制由政府主导，其治理管理的对象包括河湖及相关联的河道、河岸、水中生物等，公众共同参与。河长制工作以河长领衔、各部门协同、产业支持、社会参与为主。河流治理需要“三分治、七分养”，治理环节政府主要担当，运维环节则重点在社会。因此，河长制不仅要规范政府责任，更是要区分政府和公众的责任与义务，公众的参与是深化落实河长制不可或缺的组成部分。随着河长制不断深化落实，人民护水意识不断提高，其工作重心将是探索政府指导、公众参与、社会共建的机制建设。

5. 河长制与涉水产业

河长制的落实需要两手发力，需要涉水产业的支撑。深化落实河长制工作，面临着河道系统治理与管理问题，是一项系统性强、专业度高的复杂工作，各级河长与河长制办公室在专业上需要专业的队伍做补充。涉水产业特别是水环境产业，是支撑系统治理的核心产业，由过去解决点状水环境问题，发展为现在解决系统的水环境、水生态问题，帮助河长实现系统治理和长效管理，是深化落实河长制的重要保障。

河长制将是促进水环境产业发展壮大的契机，更是促进产业调整、产业升级的驱动因素，结合环境保护的不断升级，可以将水环境产业作为地方经济发展与落实河长制工作的黏合剂，实现经济与环境相互促进发展。

3.2.3　河长制的核心作用和特点

河长制作为对现有河道管理机制的一种完善补充，要做好与现有机制体系的衔接和融合。

1. 创新作用

作者导读

体制的微创新，机制的大创新。

河长制是基于现有的行政体制，在体制上的微创新、机制上的大创新。在以人民为中心，党领导一切的政治体制之下，在党政领导负责制的制度之下，河长制的内核就清晰地表现为两个机制：一个是责任制，即党政领导下的责任到位，不遗漏；另一个是协调机制，即让不同层级的行政机构，以及不同的行政部门的责任实现协同。

2. 补充作用

作者导读

河长制核心是责任制。

人民政府对社会公共服务负全责，河长制是嵌套在现有行政体制之中对水责任体系的补充措施，是一种责任制。落实河长制的第一驱动要素是责任，是全面承担中国目前面临的水环境问题的政府责任。一般而言，责任都会匹配相应的权力。

作者导读

党政首长是第一责任人。

由于我国的地方党政首长是党代表人民赋予的权力，要对地方政府全权负责。河长制使各级的党政负责人在河道的事情上没有缺位，让政府责任全面落实。

明确政府责任，没有责任盲区。这种责任不能简单下移，而是在责任范围明确的前提下构建河道责任体系。政府的领导是上级政府，河长的领导是上一级河长。

河长制要真正落地，必须要明晰各级河长、河长制办公室相应的工作职责。现阶段突出表现在让治水工作没有遗漏，对政府的治水职能进行查漏补遗，让总河长、副职河长都有工作抓手。

作者导读

总河长要负总责。

在实践中，总河长与副职河长在工作中存在权力的分割与责任的统一问题。以某些实行双总河长的市级人民政府为例，市委书记是第一总河长、市长是总河长，在双总河长制度之下，副市长作为副职河长在落实工作时面临以

下情况：①各副市长分管不同的部门，跨分管部门协调有难度；②让分管科教、卫生的领导去任河长，对其自身专业能力也是一种考验；③副职河长要对总河长负责，全市的河道管理责任都在总河长肩上，副职河长没有那么大的责任，就造成责任的落实失位。因此，需要总河长采用特殊方式协调副职河长的权力和责任。

有些副职河长主管着科教、住建、水利等，如果担任了河长，这个河长的权力范围无法支撑他去统筹治理这条河，特别在调动和协调方面也难以统筹财政等部门。河长制的工作可能牵扯到十几甚至二十几个部门，这对副职河长而言有很大的挑战和行政壁垒。

关于如何让副职河长更充分落实权责的问题，福建沙县在落实河长制工作中有一些创新经验值得借鉴。各地的县级河长一般都由副县长挂职河长，在河长制工作中发挥着承上启下、协调各方的重要作用，但在跨分管领域协调涉水事务时，存在不够顺畅、不够有力的现象。

作者导读

统筹不同层面的责任。

3. 统筹协调作用

首先，河长本身就是政府的党政领导，代表政府行使所有权力，所以与河长制匹配相应的责权早就在那里，只是考验河长如何发挥机制调动现有权力，完成尽责；其次，河长制是服务于区域绿色发展、协调发展等政府工作，服务的属性更大一些；再次，河长制是对现有责任制度的查缺补漏，对水的责任最后兜底，同时又是调动社会、公众参与的能动机制，体现出来的责任大于权力。

从政府、部门、产业、民众等不同的角度来看河长制，它都是为全社会不同层面提供河道管治的共同抓手，将不同层面的责任进行集中管理。

河长制在基层工作的落实表现为上下级、各部门的协调沟通，在河道的管理和治理方面，具体工作的执行是水利、环保、住建等归口部门的任务，工作分配很清晰。但河道的治理需要系统施治，责任无法一分即清，这就需要河长制的协调统筹。

作者导读

河长制是协调机制。

河长制的协调机制还表现在上下游之间，就是要打破跨区域、跨流域的行政壁垒，让不同层级的河长工作沟通更顺畅、统筹全覆盖。河道由于干支流以及水系等原因，会出现跨行政区域的情况，省级河道可能会流经多个市，各市之间就界河的管理治理工作存在行政划分上的不衔接、不畅通等问题。此时，河长制的作用就是将市级层面界河上的问题提升到省级层面来统筹解决，实现上下游和分支流的协调统筹和安排。因此，我国建立了省、市、县、乡四级河长制的协调统筹机制。

河长制的协调机制表现在跨部门之间，就是要打破原有各个部门工作的分割、对立局面，发挥系统治理、两手发力的作用。与水有关的政府责任部门涵盖水利、环保、住建等。这些部门在与水有关的责任方面匹配了相应的责权，如水利工程匹配相应的财权、水环境保护匹配相应的监察和处罚权力。河长制办公室不是独立部门，是发挥协调机制的临时工作机构，是为了做好各个部门的协调统筹，从各个部门做涉水工作规划开始介入，统筹协调各个部门治水管水的相关工作，在顶层设计上做到系统规划。

4. 规范了模式

河长制的协调机制不仅体现在解决跨区域、跨部门间的河道治理管理工作，更表现在制度建设与运行过程中统一的运作规范。各相关部门、各级河长以及河长制办公室

作者导读

统一的运作规范。

要在统一的工作规范、制度规范、考核规范等运行规范下开展工作，这些规范需要融合各方需求以及协作机制来制定，并在实践中根据具体工作要求进行调整。统一的规范是河长制发挥协调作用的重要保障，在河道治理的资金投入、治理效果等方面提供保障体系。同时，规范是在执行和操作层面有章可循，为河长积累相应的经验和能力，并能更好地与现有体制机制体系相融合，在实践中走得更顺畅。

5. 规范了各级分工

作者导读

河长制分级分工的差异性。

在国家全面推行河长制工作中以省、市、县、乡的四级分类来确定河长的行政等级，这是河长建制的行政区域划分基础，也从侧面表示各个层级河长所能调动的力量和统筹的范围。但是在中国现行体制下，存在直辖市、计划单列市、市管区、开发区等行政形式，这些区域不同于四级分类体系的特殊存在，在行政级别与统筹权力上差异较大。这些行政划分区域与城市的区、县、镇的行政划分，在河长制统筹工作中存在能力与范围的错位交隔。所以对这些特殊行政的分级分工应该因地制宜，区别对待，考虑行政级别所统筹的特殊性质和职能范围。这其中存在确权、责任、跨界等多方面的问题，需要特殊的考量和差异化的顶层设计。

市县政府和市属区政府的行政权限不同。以上海市为例，城市水务基础设施建设由上海城投水务（集团）有限公司负责；区、镇（街道）级河长在管辖行政区域内河长制工作落实需进行统筹协调。统筹的差异性体现在“一河（湖）一策”“一城一策”等，以及在具体的行动成效上。

以上海市苏州河的治理为例，苏州河历经20多年的治理，前三期的治理累计投资达140多亿元，第四期综合治理工作也已启动。上海市启动了规模庞大、时间跨度长、效果显著的河道治理工程。在未实施河长制之前，苏州河的治理工作曾存在过一些反复。第四期综合治理工作以河长制为抓手，预计投资达250多亿元，其统筹的力度是前所未有的，制定的策略以及预期目标也将更为显著。河长制在苏州河治理方面所发挥的作用与统筹的力度成效显著。

跨省流域在省级的河长制统筹重心存在区别，围绕水环境、水资源、水生态的工作侧重各有不同，如江苏省侧重水生态，福建省侧重水资源；侧重不同，所能选择的策略和路径也不同，体现在统筹规划、统筹工程、统筹资金等方面的度以及范围。

3.3　河长制办公室的作用

作为一种创新机制，河长制的落实需要直接的实施主体。各级河长是党政领导，河长的责任落实是党政领导的职责，为提升河长的专业度、工作能力等，设立了河长制办公室。

3.3.1　河长制办公室的定位

河长制办公室的定位是河长助手，在实际工作中充当“参谋部”“秘书处”“指挥部”等角色。其具体工作包括负责汇总河情水情，向各部门上传下达具体任务、监督执行、协助考核等。河长制办公室要梳理融合原有体系下的权力与责任，减少权力分化并落实责任到位。在实践当中，应该明确河长制办公室的职能和责任。

3.3.2 河长制办公室的作用

河长制办公室是发挥河长制、河长作用的保障措施，既然是保障措施就需要灵活运用，而不是将其固化为一个特定部门。所以河长制办公室本身不是行政部门，是落实河长责任、发挥协调统筹作用的运行保障体系，为河长助力。各地要因地制宜、结合具体目标任务来组织力量创建河长制办公室，对水资源、水环境、水生态的任务侧重不同，各级河长制办公室的阶段性工作内容与方法有所不同，同时，对河长制工作落实成效的考核应考核河长，而不是考核河长制办公室，责任与工作要相匹配，河长制办公室不能代劳河长肩负的责任与权力，自然也不能承担河长相应的考核目标。

3.3.3 河长制办公室的职责

2016 年 12 月 10 日，中华人民共和国水利部、环保部联合印发《贯彻落实〈关于全面推行河长制的意见〉实施方案》，明确河长制办公室的职责是“组织、协调、分办、督办”。2018 年 10 月 9 日，水利部印发《关于推动河长制从“有名”到“有实”的实施意见的通知》，再次明确了这一职责。

设立河长制办公室的目的是帮助河长完成具体工作，各地河长制办公室要结合当地的具体情况制定工作计划，其工作的成效直接对河长负责。河长制办公室在其职责范围内要有计划、有安排，不能替代河长在治理管理方面的责任。河长制办公室将保障和辅助河长落实责任。

第4章 践行河长制

在读懂河长制、弄通河长制的基础上，践行河长制应该遵循一定的模式和路径，在基层实践中发挥河长机制作用，完成河长制所要求的根本任务，以构建河长制实践体系。

4.1　河长制实践思路

4.1.1　实践要求

作者导读

河长制不仅体现在制度上，更体现在执行上。

制度源于实践更要回归于实践，只有在不断深化落实和基层实践中，河长制才有生命力和长效性。而制度的实践需要落实具体工作，建立完善的实施体系。

2016年12月中共中央办公厅、国务院办公厅印发《关于全面推行河长制的意见》以来，河长制的体系建设中涌现出诸多创新思路，但同时也暴露出一些问题，这些问题也是深化落实河长制所要面临和克服的难点。

1. 提升认知

对生态环境管理的认知要提升。由过去的以经济优先、环境为辅的思维，转变为经济、社会、生态环境同等重要的认知；再到现在以人民为中心，以生态环境建设为基础、经济服务于社会发展的管理思路。这种认知提升也体现了国家层面对生态环境认知的变化。落实河长制就是体现征服、调度、利用的水利工程思维向治理、服务、保护的水生态文明思维的转变。

2. 明确定位

对河长以及河长制办公室的关系定位需要进一步梳理和明确。河长不是一个行政职位，但却被赋予了很多责任，一定要认清河长应该发挥的作用和发挥作用的具体方法。要杜绝河长将责任转移给河长制办公室；河长制办公室高压力高强度工作而河长相对轻松；减少河长制办公室事务性工作和考核压力。作为河长的助手和参谋，河长制办公室应是协助河长发挥协调统筹的机制作用，其他部门落实具体事务以及考核的对象应为河长。只有理清这层关系，才能增强河长制工作成效。

3. 发挥机制作用

河长制的关键是发挥长效机制作用。行百里者半九十，解决河道有关问题，最后一公里是最难的。在明确问题、落实责任、查缺补漏、打破分割、监督考核等方面，真正将河长制融会贯通，落实到细枝末节，发挥机制的长久高效运行作用，还有很长的路要走。

既然河长制是让行政领导不缺位、更尽责的机制，就要明确机制运行的工作重心，让河长制更有效果、有生命力、有执行力，而落实到具体工作上，就是要按照一定的体系和流程稳步推进各方面工作。

4.1.2 河长制“1+6+3”实践模式

作者导读

如何践行河长制？

河长对水的问题不仅要负总责、负全责，协调统筹各个部门抓重点、抓突破，同时要补充遗漏，实现全覆盖，系统实践河长制。在“1个目标”“6个统筹”的主干下，以“3个支撑”来固定，规范各个部门，利用河长制拧成一股绳，构建起“1+6+3”河长制系统实践框架。在河长制的框架下，“粗绳子”是由各个部门拧成的，由粗绳子编制而成的网则是要覆盖所有水的问题，网的节点和收网的主线则是各级河长。

从行政领导指导下的部门“九龙分治”变成行政领导责任机制下的“九龙共治”，各个部门的工作依旧存在，只是利用河长制将这些工作编制在一起，形成一个系统的作

战地图。为践行、做实、发挥河长制作用，制定“1＋6＋3”河长制系统实施框架，将九龙分治编织成九龙共治。

国家层面确立全面落实河长制的要求，是为了更好服务于水生态、水环境、水资源的系统治理，服务于生态文明建设，而河长制理论的形成来源于基层工作的实践探索。在此之前，河长制的开拓创新在浙江等地生根发芽，各地在实践探索中涌现出很多优秀的案例，在中央要求河长制全面落实建制之后，各地的河长制实践探索更是如火如荼。

很多城市落地河长制的过程中，在考核落实等机制创新、智慧化手段支撑、组织公众参与等方面取得了宝贵的经验，具有广泛的借鉴意义，在统筹规划、统筹工程、统筹运维、统筹经费、统筹监管、统筹社会参与等方面各有特色创新之处，也有一些案例在河长制落实的系统性、整体性方面有突出的表现。

为更好地践行河长制，印证提出的河长制“1＋6＋3”河长制系统实施框架的可行性，同时也为了给广大河长、河长制办公室以及奋战于一线的河长制实践工作者提供可参考，本书将作者调研浙江、福建、江苏、上海、重庆等省（直辖市），精选在河长制实践中取得突破的优秀案例进行介绍。

4.2　河长制实践体系构建

4.2.1　“1 个目标”

河长制的核心组成是各级河长，而落实河长制的关键点也就是落实各级河长责任与权力的对等匹配。从总河长到各分段河长，有效压实河长的责任，落实与责任相匹配

作者导读

统一目标、统一方向。

的权力，是落实河长制的正确路径。对一条河肩负责任与权力的河长，才有权制定统一的目标，决定“一河一策”的落实，把握河道治理与管护的大方向。在统一河长权力与责任基础之上，河长来统一落实工作的总目标。

1. 统一目标

有了统一的目标驱动，各地区在落实河长制工作中就有了主方向。虽然各地的驱动因素有差异，但总体目标一致的情况下，各地落实河长制的主线可以不一样。比如，浙江省很多产业发展已形成规模和优势，而相应的水污染情况较为严重，现阶段落实河长制的重点工作是以提升优化水质、改善水环境为主线；福建省的水资源丰富，水质相对较好，落实河长制的重心主线工作是管理和控制水资源，防洪防涝，实现水资源的高效利用，在水电以及生物多样性保护方面实现重点突破。

作者导读

目标一致是动力。

各地落实河长制工作的主线可能不同，有的关注水质、有的关注水量。城市化率高的地方可能更专注人居水环境、雨水分流、城市内涝、供水及污染防治等。尽管工作主线侧重以及阶段性目标不同，但在顶层设计统一目标情况下，河长制的工作方向和思路是一致的。

2. 预期效果

关于思路的转变，也是统一目标的重要内容。从人民利益来讲，河长制表现在政府对河道全部责任的查缺补漏，但本质是为人民群众承担河流的污染治理与水资源利用的公共责任，事关百姓的切身利益。所以，河长制的未来是在生态文明趋势下形成的一种水文明意识形态，让百姓对身边河道视如己家，承担起治河管河的公众责任，这是河长制深入落实的更高境界。百姓只要认识到河是自己的，

作者导读

统一思路是效果。

河流的状况关系自己的美好生活，就能早日实现共抓、共管、共享，让政府的责任成为民间的责任，政府的河长成为民间的河长。

3. 服从协调

（1）小目标要服从大目标。部门小目标要服从大目标。在与水有关的问题上各个部门的任务和目标是有差异的，对水环境、水生态、水资源的侧重也不同。如果全部以水利的思维落实河长制的目标，很多工作可能会受阻。让所有部门在大的层面上有统一的目标，各个部门小的目标要服从于大目标，服从于生态文明建设的总目标。河长制的落实需要建立在统一的目标基础之上，以目标驱动落实，并且围绕目标达成的条件去分析驱动因素。

区域小目标服从流域大目标。从公众群体、部门机构、不同产业的视角来看待水的问题，各方面的目标和诉求也不相同，特别是在跨区域和跨流域的问题上，各方都要以更大的视角来看待问题，思路要有所转变。就河长制而言，在统一的目标上区域小目标应该服从流域的大目标。长江流经的行政区域很多又有很大纵深，就需要各个区域以长江流域的大目标为统一，来协调统筹长江流域的发展与保护。

（2）单一目标服从系统目标。就河长制落实的总体目标而言，是实现水环境、水生态、水资源的系统治理，而这“三水”的系统治理包括很多方面，每一个都有自己的阶段性目标和区域治理重点目标，单一目标是统一目标的组成，是服务并服从于系统目标。在此要求下，单一目标所分解并涉及的各个管理部门，其目标也应该服从于河长制落实的系统目标。

4.2.2 “6个统筹”

在落实河长的责任与权力基础上，为实现河长制定的总目标，需要“6个统筹”，从6个基础工作方面落实河长的职责，系统完善河长制各方面的具体工作，而“统筹”二字既是河长责任与权力的体现，也是对河长开展各项工作前的定位思考。

作者导读

以“6个统筹”实现系统治理。

践行河长制是在不增加新的工作量、新的编制、新的预算、新的部门，不打破原有体系的情况下完成系统治理，在原有的组织下编制成新的体系，发挥原有的机制和部门的作用。“一河一策”是指具体工作的开展需要6个方面的统筹，系统治理是要求这6个方面都要做到位。

建立新的系统治理与长效管理体系，是以水环境、水生态、水资源为对象，协调统筹乡村、城市、产业与水的内在关系，在时间维度上建立河与水治理管理新的体系以解决现实问题，为过去长期积累的水问题寻找出路，为现在水环境质量提升、水生态恢复、水资源管理与高效利用提供保障，为未来实现统一目标、开拓崭新局面奠定基础。

河长制要从“有名”到“有实”再到“有效”，需要协同推进6项统筹工作，包括统筹规划、统筹工程、统筹运维、统筹经费、统筹监管、统筹社会参与6个方面，这也是各个部门工作和机制的融合。

1. 统筹规划

(1) 顶层设计与统筹。河道的治理与水环境管理是系统性的工作，出现问题也是各个方面因素叠加所导致的，解决一个问题可能要考虑当地产业、建成区、道路、水利等各项工作的联动，在各部门分头推进各项工作的基础上，

河长制的作用就是将与水有关的各项工作进行顶层规划设计与统筹，抓住规划各种龙头，让分散的治水管水工作有一个成体系的规划和分工。

(2) 多规合一的实现。河流水环境的治理以及系统恢复自然水生态的过程，需要各个管理领域的协同。在做区域规划时要实现多规协同、多规合一，在统一的目标下系统梳理规划任务与分工，实现环境、水利、城建、道路、资源、住建、产业等各方规划的协同合一，形成一个系统规划的顶层设计机制，让系统规划成为系统治理的前提和基础。只有做好统筹规划的顶层设计，才能从根本上解决河道治理反复的问题，解决各个部门在涉水工作责任落实不到位的问题。

2. 统筹工程

(1) 不得反复施工。涉及河道治理的工程项目应该与其他工程同步规划，统筹实施，在具体的工作中应该实现施工的联动，配合其他工程一起开展，杜绝“水利铺完环保挖，环保铺完住建挖”的反复施工。同时，在追求效果一致的基础上，避免各部门为达成各自的目标，一次效果不到位再反复施工的情况。

河道水环境的施治要考虑上下游、干支流、岸上下、河雨水等各因素的协同治理。统筹工程是在明确河道治理目标的前提下，正确理解和落实“一河一策”。

(2) 效果导向。效果导向是落实河道治理工程的关键。河道治理的工程项目无论是 PPP 模式，还是地方招标采购的 EPC 模式，如果没有制定围绕治理效果的目标考核体系，就会导致重工程而轻运营效果，为了工程而工程，使水环境治理工作变成水利工程的集中释放。以效果为目标，可以采取以奖代补的模式，将治理工程的管理以效果为衡量标准，将取得的效果量化为奖励，用以管理工程项目，这种模式可以很大程度上达到环境效果，让统筹的治理经费提质增效。

（3）只为服务的效果而埋单。目前，政府对工程有一套既定的价格核算体系，导致新技术进入水环境治理项目有难度，市场上真正能解决问题的创新型技术公司难以被调动起来。要解决这样的问题，需要转变思路，将原来购买工程服务的思路转变为购买治理效果服务，只对治理达到预期效果的工程及运营服务进行付费，如未达到效果，则应进行相应的处罚。只有这样才能使一些没有技术含量或低技含量的项目无处遁形，使真正能够提供效果服务的企业发挥市场优势。

作者导读

购买服务而非工程。

（4）统筹工程是发挥系统治理作用的前提。系统治理思想需要建立在统筹工程的基础之上，统筹调动政府各部门、治理企业、公众参与的力量进行系统治理。统筹工程被很多地方理解成为统一治理，就是按照一样的标准对所有河道进行分步治理，这种治理理念很难达到系统治理的效果，往往出现反复的情况。

（5）科学治理是生态治河的重要手段。在面对水环境治理复杂、多变、反复的问题上，不能依赖于建设大工程来改变水环境生态。从污染成因的分析入手，采取精细化、差异化的科学治理手段，并结合有效的生态治理方式，才是合理地选择。

以浙江省科学养殖珍珠蚌为例，传统的养殖方式是活水养殖，投入的大量营养物会污染水质，而珍珠蚌本身是活的生物膜，有净化水质的效果。于是有企业采用科学养殖的方式，给每只珍珠蚌加一只营养液输送管，电脑控制精准投放养料，防止养料污染水质的同时发挥珍珠蚌净化污水的功能，实现科学经济养殖与水环境改善两不误，是典型的科学生态治理示范案例。

（6）“一河一策”与“一河长一策”相辅相成。“一河一策”指的是对区域内每条河流根据自身特点制定差异化、精准化治理和管理对策，主体是针对河流。这是目前治河的主流认识，但很多地区的策略大同小异，普遍停留在治理方案的差异化制定层面，具体落地实施存在难度。其实，“一河一策”也是一个河长的施政策略。“一河长一策”，是河长在治理上具体怎么做统筹，关键是制定策略，是能解决问题的策略。河长根据区域河流的特点，因地制宜选择和制定科学合理的治理方案，主体决策是每个河长。河长是统筹河流治理的决策者，在统筹施治上发挥主导权。

3. 统筹运维

河流的管理运营是河道施治之后的长效保持，统筹运营既要考虑到运营的人员、财权、事权问题，又要统一运营效果的考核目标。

（1）运维目标。河道水环境的运维目标：①水质达标的定量指标；②人民对治理效果的感知指标。在水环境各项指标提升的基础上，更多追求的是水质清澈、河道周边环境更绿化，更生态、可感知的人民体验指标，这是深化落实河长制最终要实现长效保持的运维效果。各个区域应该根据不同河道的水环境基础制定阶段性目标，每个阶段的治理任务应该根据运维改善的程度进行划分，最终实现治理效果的阶段性改变。不同层面的河道运维的侧重不同，污染相对严重的建成区河道以监测水质指标达标为主，而污染较少的村镇级河道考核重点应更关注水质清澈、生态多样。

（2）运维基础。统筹运维需要以智慧化河道为基础。智慧化河道的理念就是将大数据、智慧分析平台等应用到河道的日常管理维护中，从而减少人工投入，提升管理效率。具体操作上，智慧化河道就是把传感器安装到可能影响水环境、水生态、水安全的所有关键节点上，不同的节点设定不同指标，有的监控水量、有的监控水质，在数据积累的基础上建模分析各影响因素，形成一个智慧化的管控系统。

4. 统筹经费

（1）激活存量资金，调动增量资金。作为重要的驱动因素，资金的统筹是深化落实河长制工作的核心之一。水利、环保等部门在系统治理的财政经费的使用过程中要由河长进行统筹规划，落实到具体项目上财政经费的出口或各个部门。统筹经费是指让分散在各个部门的资金在使用上发挥联动效应，达到系统优化的效果，从而激活存量资金的作用。同时，对新增的系统治理规划资金也起到引导与调动的作用。

（2）财政权力的协同。在协同财权的问题上，各级河长在河道治理方面的投入权力不等，省级、市级、区级、乡镇等河长有不同的财权，在自管河道治理上有资金使用和调度权，但街道、乡村的河长没有专项财政资金可用，只能反馈问题，协调解决，面临重大水利工程项目的时候需要上级财政的支持。

财政的协同统筹可以考虑“专项引导资金”和“部门关联资金”相协同的方式。比如统筹管理使用环保、水利、住建等部门与治水关联的资金，政府投资设立专项引导资金，设置利益转移协调机制，调动社会资本参与河流的水环境治理。

（3）创新模式的探索。2016 年 7 月 18 日，中共中央国务院发布《关于深化投融资体制改革的意见》。这是我国第一份由党中央、国务院印发实施的投融资体制改革文件，明确了投融资体制改革的顶层设计，标志着新一轮投融资体制改革全面开始。河长制作为深化改革制度创新的代表，应该在统筹经费的问题上探索投融资体制改革的新思路，探索建立河道治理的生态利益对价、转移支付、利益分配协调机制，发挥市场作用，调动社会资本参与河流的水环境治理，探索市场化的投融资创新模式。

5. 统筹监管

（1）发挥原有监管体系作用。各个参与部门原本就有各自的监管和考核体系，河长制的作用并不是单独建立新的监管体系，也不是独立对河长进行考核，而是调整并融合现有的监管体系，在不增加原有工作量的基础上实现管理上的统筹。河长的机制作用就是协调完成政府与各个部门监管体系的融合，将河长工作融于原有的考核工作中，让责任全面落实，成为原有部门责任遗漏的补充项。

（2）执法是监管的抓手。统筹监管是河长制发挥政府管理职能，在河道治理与维护方面建立长效的监管体系。具体的监管责任是落在河长制办公室的，但由于河长制办公室没有项目的审批权和执行监督权，在统筹上没有工作抓手。在重要的水利项目管理方面，应该赋予河长制办公室一定的话语权甚至一票否决权，这样能更有效发挥河长制办公室在项目的规划、实施、验收阶段的监督管理作用。

在河道监察管理与执法方面，河长制办公室同样需要被赋予一定权力，建立联合执法机制。

目前与水有关的执法权限是分散的：森林公安围绕森林有执法权；环保部门对水质污染有执法权；水利部门对工程建设有执法权。这些权力应该在河长制的统筹下，统一执法、统一监管，力度和效果会大大增强。探索建立多部门联合执法机制方面，在基层的河长制工作中有很多可借鉴的优秀案例。如福建省沙县，探索建立了公检法等权力机构与河长制统筹监管的体系，通过联合运用各部门的权力机制，依托当地的森林公安部门联合成立生态综合执法机构，解决了沿岸乱倒垃圾、非法采砂等以前没有人管或者管不好的问题，有效提高了监管效果。在与公检法部门的协同下，河流有关的执法更顺畅，取得的成绩也成为公检法部门改革的亮点和成效。

6. 统筹社会参与

（1）社会参与是河长制的有力支撑。水的问题要系统治理、两手发力，而河长制在治理之后的深化落实、长效保护方面则需要引导社会参与。河流污染治理在依靠政府的同时，需要将一些工作分散到社会来完成，聚沙成塔，凝聚和发挥社会的力量。这里的社会参与，不仅指的是普通百姓，还包括企业、产业、民间组织等。

河岸、河道以及河流水体是一个整体，河流水体出了问题，究其根源多在岸上，这就是系统问题。“三分治、七分养”不仅是中医理学的道理，也同样适用于河流治理。统筹靠河长，治理靠市场，维护靠公众，河道污染治理需要政府主导、市场参与，而河道的长治久安、持续的效果维护、意识形态的建立则需要政府引导、社会为主。未来河长制深化落实的一项重要工作就是公众引导，在宣传河流保护的重要性、增强公众主人翁意识、调动社会各方力量参与、引导公众对河流自查自报等方面，河长需要以身作则，以河长制的旗帜作用驱动社会公众形成节水意识、护水浪潮，让水文化成为新时代的新时尚。

（2）引导社会参与的主要方式。目前基层在社会参与、公众引导方面的工作呈现出碎片化特点，但都围绕一个主干目标出发，就是让公众主动参与、发挥更大效果、形成长效趋势。在公众引导方面政府是主角，引导的方式可以是政府直接鼓励、调动市场力量驱动、建立创新实践机制等。

政府直接鼓励的社会参与就是把荣誉感赋予社会、赋予公众，坦荡地展示河长制的工作内容，鼓励公众参与并建立荣誉表彰机制。上海在这方面做得比较有代表性，建立了民间河长、志愿者巡河队伍，对表现突出的团体或个人给予荣誉奖励，如政府领导颁发荣誉证书、媒体报道、APP传播等，公众参与的积极性和带动作用得以充分发挥。

政府也可以借助市场手段来驱动社会参与。相对于水利工程的投入，这方面的市场行为花钱更少但效果显著，如苏州朱泾中心河的治理，政府通过购买专业治理服务，以治理效果为付费依据，治理成效显著。基层岗位是要做具体事情的，福建省在村级河长制落实中不设立村级河长，而是以市场手段完成“最后一公里”的社会参与。设立河道专管员岗位，从省政府、水利局、生态环境局统筹划拨专项资金面向社会招聘河道专管员。河道专管员的职责是开展河道日常巡查、疏浚、清障和保洁，还负责制止河道的乱搭建、乱堆放行为，加强责任区域内工农业污染治理，特别是对禽畜养殖场及沿岸工业废水、生活污水等方面的摸排，及时汇报突发事件。例如，作为领工资的专业岗位，福建省的河道专管员很多具有本科学历，不仅带动就业，更在强化意识方面形成社会效益，让公众意识到治河管河的大环境、大趋势，还可以从中受益。

政府同样需要建立一系列创新机制来引导社会参与。湖州市德清县不仅在落实河长制工作中形成一套制度体系，在引导社会参与方面也应用了很多新机制。有别于河长制APP，福建省德清县建立的公众护水平台是专为公众设计的参与机制，构建了一套生态绿币机制体系，在平台上面向群众以抢单模式分发护水巡河任务单，并赋予绿币的兑换奖励机制。在此基础上，建立生态绿币的价值体系，与当地银行合作将绿币与个人、企业信誉挂钩，积累绿币可以在银行的个人或者企业贷款方面，贷款额度与利率都有一定优惠奖励。未来计划将护林、护田等体系建立并链接进入河长制体系，形成一个更大范围的生态保护机制体系。在政府主导下，结合现代化的科技手段引导社会各界的积极参与，让德清县的水不仅治得好更护得好，同时有效缓解政府的压力。

4.2.3 “3个支撑”

现阶段河长制的实践主要是围绕系统治理，而系统治理需要两手发力，不仅需要政府主导，更需要发挥河长制办公室作用、落实考核机制驱动、运用智慧化手段驱动作为系统治理的“3个支撑”。

作者导读

以实践支撑系统治理。

1. 发挥河长制办公室作用

河长制办公室是伴随着河长制落地实践而产生的新机

构，只有将河长制办公室的职责、作用、定位认识清楚，各地结合当地特点和具体工作，开创性地发挥河长制办公室的协调、督办作用，才能激活河长制办公室，有效支撑河长制落实。

（1）匹配的河长制办公室是河长制的支撑。河长制办公室是落实河长安排的任务，组织相关部门共同参与，协调各方力量具体实施，将任务及目标分解到各个归口部门，并在具体工作中做好监督与考核。所以河长制办公室是河长的办公室，不是水利部门或者环保部门的河长制办公室，不应该将其作为某一部门的下设机构，否则将很难协调其他部门，发挥出其组织、协调、分办、督办的职责。

（2）河长制办公室既要接受尽职考核又要考核其他部门、协助考核下级河长。作为在河长们履行职责过程中进行指令有效传达的一个协调机构，河长制办公室要接受尽职考核，对河长制办公室的尽职情况围绕其组织、协调、分办、督办的职责划分开展考核，包括其作为河长参谋是否履职到位、上传下达的及时与准确、分办工作的合理安排、督办工作的落实等，这类考核要建立一套科学合理的考核机制体系。

同时，河长制办公室要主导各单位工作落实情况的监督和考核。其他部门在河长制分配的工作责任范围内，完成的工作情况在原单位考核体系之外，应该纳入河长制办公室的考核意见。作为分办督办事务的河长制办公室，有权对实施单位进行考核，并将考核结果落实到各部门的考核体系当中。

最重要的一点，河长制办公室应该协助总河长考核下级河长，结合工作目标建立考核体系并将考核结果与组织部门挂钩，让各级河长的履职情况作为其党政职责考核的一部分，强化河长履职的责任意识。河长制办公室是协助考核，并非拥有考核的实际权力，考核权在总河长，各级河长要对总河长负责，河道治理管理出了问题要问责河长，而不是问责河长制办公室。

（3）河长制办公室的双重作用。河长制办公室的职能不同导致其在各个环节的角色也不同，有些职能需要河长制办公室充当政府的角色，有些职能则需要河长制办公室发挥市场的角色。督察、检查、协调是河长制办公室发挥政府角色开展的事情，但是专业方面的事情需要市场力量的支持，“两手发力、两条腿走路”的河长制办公室才能支撑起河长制体系，河长制办公室也是河长制发挥市场机制的重要一环。

（4）河长制办公室的必办与应办工作。一方面，河长制办公室成立到现在普遍存在人员配备不足的问题，由于没有定编定岗，河长制办公室的工作人员数量有限，多为临时抽调，同时对应的工作量很大，很多工作需要借助第三方服务机构的力量完成，各地也在探索“河长助理”的机制，利用市场化手段来分解河长制办公室具体事务的压力。河长制办公室本身不是政府权责部门，在利用专业市场服务完成政府工作的探索方面有一定的空间。另一方面，河长都是党政领导，普遍存在缺乏河道管理经验、水环境治理专业知识以及专业化能力有待提升等问题，各职能部门及机构大都从自身角度考虑工作，缺乏治水管水的大局观。作为河长的助手，河长制办公室应该思考如何发挥市场的力量系统解决专业的问题。如通过与第三方服务机构合作让河流管理和治理更系统、更专业、更高效；建立完善的河长制培训体系，开展专业知识的培训传播；可以成立河长专家委员会，甚至成立河长顾问专业机构。

目前各地都在结合自身特点和实际情况进行探索河长制办公室的运行机制，作为河长制的一部分，未来的河长制办公室在机制上有很多可能。例如：如果某区域是千河之乡，水的问题突出而重要，需要长期的基础工作，河长制办公室就是主力机构，会成为事务性部门的一部分。

2. 落实考核机制驱动

考核作为行政机制的重要组成，是驱动河长制深化落实的关键保障。在全国创建和落实河长制的这段时间里，各地区全面建立了河长制、任命了各级河长，但在具体工作的考核机制方面仍然相对滞后，建立科学完善的河长制考核体系有助于深化落实河长制，推进责任落实全覆盖。

（1）明确考核对象。河长制责任落实的考核体系，考核的主要对象是河长。国家对河道治理的责任落实、河长制落实的重视程度日趋提升，对地方河长的考核也将更加严格，将逐步纳入整体的环境绩效考核体系，作为地方官员考核的一部分。对河长的考核要严格区分于对河长制办公室的考核，考核河长与考核河长制办公室是两个不同的概念。对河长的考核是对党政领导工作考核的一部分，是责任考核、政绩考核，是上级河长考核下级河长，总河长考核副职河长。河长制办公室是河长的助手，对河长制办公室的考核是事务层面的考核，不应该涉及党政责任，责任在河长，事务在河长制办公室。

（2）建立完善的考核体系与方法。目前对河长的考核机制多为逆向的，也就是河长履职不到位多以处罚为主，而缺乏正向考核机制。河长制落实情况的考核机制应该以正向与逆向考核相结合，与组织部的考核体系融合，让河长与党政领导的政绩考核挂钩，功过分明，党政同责，以考核提升党政领导对河长本职工作的重视程度。

（3）保证考核的公正性。在河长制考核方面应该创新模式，引入第三方机构建立公平透明、科学适用、因地制宜的考核体系。水环境作为党中央高度重视的生态问题，需要加强工作考核成效，而河长制相关的考核内容涉及较多水文、水利方面的专业指标，专业性以及客观公正性需要第三方机构的介入作为保障。河长制落实的核心职位是河长，作为党政领导的河长有考核的权力，但在河长制工作方面不能自己考核自己，也不能完全依靠组织部门来考核水环境治理的专业工作，需要专业的第三方机构来做专业的河长制落实考核工作。

（4）制定科学的考核指标。河长制考核体系要以科学的指标为基础。除了水质、水量这些常规可量化的指标之外，还应考虑公众感知指标以及效果变化指标。河水的问题关系到人居水环境改善、乡村振兴、区域协同发展等，是最能体现和增强人民“获得感、幸福感、安全感”的社会服务，公众感知的水平是设置考核目标所必须要考虑的。至于效果变化的考核指标，是突出河长工作成效的环节，是为了客观评价“做得好与底子好”的问题，有的地方污染程度重，尽管河长强化履职，多了大量工作，但水环境直观的改善有限，有的地方水环境本底就好，河长没做太多履职工作就能达标，这种情况在考核时要区别对待，制定效果改善与变化的考核指标，旨在对河长履职与工作情况进行客观评价。

在强化河长制考核工作方面，浙江的做法有借鉴意义。浙江是最早开展“五水共治”的省份之一，全省河长制的

推进工作也落在“五水共治”办公室，为强化落实，狠抓考核，“五水共治”办公室成立了专门的督察组，每年用半年时间对工作进行考核，制定“五水共治”考核内容和考核细则，形成打分制的考核标准。不仅将考核与党政责任挂钩，问责不尽职不作为的河长，更将问责对象扩展到企业，在消黑除劣工作中，发生工程效果不达标、出现反复等情况，对参与治理的企业也会有处罚，双管齐下，有效发挥考核的督促和震慑作用。

3. 运用智慧化手段驱动

智慧化手段在河长制实践方面的应用，主要是以大数据、物联网、云计算、区块链等现代科技手段为支撑，通过数据化、信息化、智慧化一系列基础工程建设，无论在巡河、监测等具体事情，还是在规划、工程、运维、监管、治理、引导社会参与等方面，发挥科技效应，提升管理水平和治理效率。

（1）确定智慧化手段服务的对象，精准定位。河长制深化落实的初期，基层河长普遍存在“三盲”问题，即盲目、盲巡、盲治。河长履职之初对该干什么、怎么干比较盲目，没有方向，而对于巡河也是漫无目的地走走看看，很难发现问题，对河道治理的决策也存在盲目跟从的现象，看到别人做河道硬化、清淤，自己也跟着做，不考虑区域河道的特点。

河长制要深化落实，必须借助智慧化、信息化手段实现两手发力，以科学理念、数据技术作为支撑，实现短期见效、长期有效。政府抓两端：一端抓河长履职落实；一端抓目标导向。市场管中间，为政府提供科学监管、精准施治、目标考核的系统服务。

（2）数据是智慧化应用的基础，把控全局。目前市场上针对河长制工作的数据服务供给比较多，常见的集中在水质指标数据采集与监测，但缺乏以集成模式构建智慧化的综合服务平台。智慧服务平台是以影响河道水环境的水文、水质、岸上下、干支流等各项因素数据化、信息化监控为基础，在数据积累的情况下进行科学建模分析，全面掌控河道的过去并对未来的情况进行预先判断，制定应急和长效方案。在此基础上，让河长和公众知河懂河，高效开展工作，避免反复的投入。在消黑除劣的工作中，为治理河道建设大规模水利治理项目，在没有弄清水质、水生态原理、分析污染成因与关联因素的情况下开始盲治，有时一场雨就导致治理效果荡然无存，黑臭反复，前期的投入也付之东流。构建智慧服务平台可以覆盖河道的方方面面，理清脉络，避免治理上不必要的弯路。

（3）通过智慧化手段辅助决策，提高效率。河长缺少河流管理、治理的专业知识，且日常无法专注于此项工作，往往沦为“救火队长”。通过借助智慧化手段，可及时掌握水质、水文等数据，以及设施、建筑的状况，结合地理信息进行直观清晰的管理，为知河、巡河、治河、护河提供数据支持和决策依据。最终实现河道及沿岸的静态展现、动态管理、常态跟踪。

比如通过水陆空一体化数据采集监控，形成数据模型，对污染事件进行溯源、取证，对突发应急事件进行预警和处理。通过多方数据的融合联动，下发任务和指令，及时有效地进行河道智慧化管控。

（4）运用智慧化手段制定指标，辅助考核。智慧服务平台在河道治理与管理的考核方面，也可发挥作用。目前

有些地方已经探索新的方式方法，引入第三方服务机构的支持，向国内企业开放水质水量监测的建站需求，然后政府通过向这些站点购买数据的方式获得第三方的市场服务。这样政府即可以节省人力物力和建站的财力，又可以保障数据的客观准确。

各河段特征差异大，指标制定难，应通过智慧化手段掌握各河道的具体数据，在数据层面对河道进行分类定义，制定不同的考核指标。形成按照河道指标提升进行的考核方法。针对数据不统一与数据衔接问题，应对各指标的命名、采集方式、计算逻辑、统计周期逐一定义，建立数据标准。监测单位和数字化服务方应按照统一的数据标准设计、开发或调整。建立数据监管体系，确保各单位按照标准进行数据上报。这种方式可以推广到各地的国控、省控考核断面的建站考核体系，更有效地促使河长履职尽责，并自上而下落实好河长制的责任。

第5章 河长制实践优秀案例

本章通过调研、座谈、资料整理等方式，在收集了各地方在河长制实践中的大量案例的基础上，总结归纳出优秀案例进行介绍。各地方因地制宜，对河长制工作进行改进和创新，很多案例的做法和经验有着很高的推广价值，值得其他地区借鉴。

5.1　系统落实河长制的典型——浙江省德清县

德清县是浙江省湖州市的下辖县，取名源于“人有德行，如水至清”，地处浙江省北部、杭嘉湖平原西部，地势西高东低，境内共有大小河道 1211 条（总长为 1706km）、水库山塘 26 座、圩区 76 个，水域面积为 79.9km^2。虽然德清县域不大，但极具南方水城的特点，素有“名山之胜，鱼米之乡，丝绸之府，竹茶之地，文化之邦”的美誉。

2013 年按照浙江省委、省政府的统一部署全面建立落实河长制的总体要求之下，德清县全面开展河长制各项工作，特别是 2017 年中共中央办公厅、国务院办公厅联合出台《关于全面推行河长制的意见》后，德清县更是紧密结合实际、迅速贯彻落实，创造性地开展工作，有力推动了水环境综合治理再上新台阶。在河长制落实的机制创新、统筹工程建设、社会公众参与、科技创新应用等方面，德清县的许多做法值得借鉴，并形成了一套系统落实河长制，有效治理水环境的优秀经验。

5.1.1　创新深化河长机制作用

自建立河长制以来，德清县在深化河长制工作实践中，以河长工作抓落实、抓成效为突破点，不断细化体系建设、拓展河长内涵外延、建立多层联动机制，充分发挥出了各级河长在河湖库塘管理中的“管、治、保”作用，将机制的落实层层细化到基层，健全制度的同时，水环境管理工作得到很大提升。

1. 开创河道水质“三色”预警模式

从2015年起，德清县全面实施河道水质“三色”预警模式，通过“一月督查、双月预警、紧盯整改、督考合一”的形式，落实河道水质监管，杜绝水质反弹，从机制上建立一套强化考核，紧抓落实的有效举措。

德清县以《浙江省垃圾河、黑臭河清理验收标准》为准绳，综合水体中、河面上、河道周边环境三方面考评情况作为依据。水体以检测数据结果为“红线”，明确水体透明度低于20cm，高锰酸盐指数浓度超过15mg/L的河道一律实行“一票否决”，判定河道治理“不达标”。河面和周边环境考评由生态环境局、农业局、城管局等部门结合治水分工职能，查找污染源，逐条细化河道评判标准，分为达标、基本达标、不达标三类，并分别用蓝、黄、红三色标示。

每月由治水办、督查局、农业局等各部门联动自查“清三河”情况，用摄像机记录河道存在主要问题，点出问题，明确责任，确保“千斤重担人人挑、人人肩上有指标”。按照“一月督查、双月预警”模式，即当黄色预警发出后，次月当得到解决的问题转为蓝色预警，未得到解决的问题转为半个红色图标予以预警；当红色预警发出后，次月如得到解决的问题转为黄色预警，未得到解决的问题将与相关乡镇、河长进行约谈。

对蓝色达标河继续巩固整治成果，进行不定期巡查，确保长效管理到位；黄色基本达标河即存在部分问题，由县治水办下发整改通知书进行限期整改，并落实专人进行跟踪督查；红色不达标河道存在问题较多，要求三级河长

限期牵头处理，并落实长效管理机制。将河道预警作为镇（街道）“五水共治”月度、季度、年度考核的重要内容，并与评选“优秀河长”等活动进行捆绑。

2. 细化落实各级河长责任机制

强化行政河长履职，深化“守水有责”核心理念。扩展构建起县－镇－村－组四级河长管理网络，细化各级行政河长责任机制，并引入警队力量，相应配置河道警长，实现了“横向到边、纵向到底”的河长水域管理全覆盖。先后创新河长集体巡河、河长离岗交接、“一书两单”、巡河指标末位约谈、“跨界河长”等举措，并以制度形式予以固化，细化落实机制的同时也将责任落实到每一公里的河道管理上。

3. 强化考核制度

为强化监督各级河长履职，德清县进一步细化对河长具体工作的考核，如建立健全河道巡查指标月度通报、项目进展季度通报、河长工作考核结果纳入年度综合考评等递进式考评机制，将河长制考核纳入镇（街道）、部门综合考核、领导干部个人考核范围，根据全县落实河长制要求，将“深化河长制”纳入德清县水利工作考核评分表等，根据考核结果约谈履职不力的各级河长，压实各级河长责任，进一步细化和落实河长职责。

5.1.2　智慧手段驱动落实

德清县域内小微水体居多，水系网络连通紧密，这对德清县水环境治理提出了更加深耕细作的要求，必须科学精准、系统施治、提升效率。德清县以智慧化手段，结合区域优势资源，发挥“互联网＋”的信息优势，为河长打造科技护航舰队。充分利用坐拥浙江省地理信息产业园的先发优势，综合运用现代地理信息、云计算、大数据、远程自动化等先进技术，探索搭建起集河长管理、项目管理、数字巡查、公众护水、水质监测等于一体的河长制工作信息大数据平台。具体前沿应用有配置河长制 APP，实现河长现场掌上办公；利用无人机“河道巡查”数字化管理系统，对全县水体进行分类分级巡查，实现月均巡查 600 余小时；管道机器人、电子眼监控、实时水质监测等科技手段，实现对河道水质水情全面检测等，诸多科技智慧手段已广泛运用到全县河长工作中。其中具有代表性的有数字巡航长效管理模式和淤泥治理智慧模式。

1. 数字巡航长效管理模式

德清县充分利用省地理信息产业园优势，通过引入无人机群和数字信息化管理系统，构建起“数字巡航”长效管理模式，使水面垃圾、偷排漏排、甚至违章建筑等问题一览无余，成为河长巡河、治水决策的有效补充。

德清县通过建立“数字巡航”长效管理，将 1211 条河道和 2300 个小微水体纳入无人机巡查范围，解决了人工巡河盲区问题，有效提高了巡河效率，同时实现了人机交互，便于随时掌握水情动态数据，将治水工作主动权掌握在手中。

（1）运用数据采集，绘制作战蓝图。运用 RS（航空遥感）、GPS（全球定位系统）和 GIS（地理信息系统）技术，利用固定翼无人机、六翼飞行器对全县河道、小微水体等进行航拍，获取正射影像图、高清视频和空中全景，清晰展示水体水质、水岸环境和潜在污染源等情况，采集数据，编制完成县、镇、村三级剿劣提标作战图，为治水剿劣工

作顺利进行，奠定良好基础。

（2）实行常态巡查，拓宽巡视角。针对县域河道量大面广且密布纵横的地理情况，导致河长人工传统巡河手段存在人力、精力局限性和问题反馈时滞性的难题，自 2016 年起，引入第三方专业公司，组建无人机巡查队伍，并根据河道特点实行分类分级巡查，其中对一类“清三河”河道每周巡查一次、二类县级河道及镇级主要河道每两周巡查一次，其余三类河道每月巡查一次，重点巡查河道河面是否存在垃圾废弃物、水生植物、污水排放、河岸违法建设等问题。目前，无人机月均巡查 600 余小时，一类河道每周巡查率达到 95%以上。2017 年，随着剿灭劣Ⅴ类水体工作深入推进，将无人机巡查范围扩大至全县所有小微水体，实现了巡查全覆盖。

（3）落实案件处理，构建云智慧。实行案件派结制，建立“河道巡查”数字化管理信息系统，将无人机巡查到的问题，以“点位航拍图＋GPS 定位”的形式建立数字案件，并将案件派发至有关镇（街道）、部门，要求及时处理、限时办结。同时，依托云数据计算，每月产生巡查管理系统运行报告，将巡查中的问题以数据分析形式直观体现，为全县治水工作提供客观决策依据。

2. 探索淤泥治理的智慧模式

2016 年德清县以福建省唯一科学成果转化实验区建设为契机，运用“智慧因子”打造淤泥整治新模式，嵌入科技智慧手段，在清淤、控淤、用淤等方面取得较好成效，全县 1200 多条河道累计清淤总量 2168 余万立方米。德清县在淤泥治理方面分三步骤走，融合现代智慧手段，相关经验有很大的推广价值。

第一步，运用“大数据”研判法，精准清淤。对河道水质和底泥中的重金属、有毒有害物等监测，根据底泥特性，确定清淤、运输、淤泥处置和尾水处理等方案，因地制宜选择不同的清淤方式和施工装备。建立地下管网数字化管理平台，利用“CCTV管道爬行机器人”对市政地下管网内淤泥高程、管径、管道等情况进行全面摸底，分析绘制成地下电子管网图。建立清淤资料数据库，委托第三方测量机构对典型断面进行抽样补测，推算淤积方量，设立淤泥深度标准线，当达到定期清淤标准时，对号入座，实施清淤治污“一河一策”机制，有效提高工作效率。

第二步，实施“水陆空”组合法，立体控淤。开展全方位“空中”监管，综合运用RS（航空遥感）、GPS（全球定位系统）和GIS（地理信息系统）的“空天一体”3S新技术监管全县1211条河道情况，采用无人直升机进行分类巡查，实时查看和传输河道污染源治理情况和水质变化情况。开展全过程“陆上”监控，将污泥管理纳入全县“智慧水利”信息化管理平台，对突发水污染事件、山塘水库日常巡查、清淤工程实施等进行实时监管。

第三步，创新“再循环”解题法，科学用淤。实施填泥回矿，结合矿地综合开发利用、农村土地综合整治项目及鱼塘和荒地平整复垦，将污泥处理后择地“填埋”复耕，做到“以废治废”。实施吹泥入堰，将淤泥通过土袋围堰施工、吹泥入围堰等方式用于圩堤等建设，有效解决目前泥浆筑堤中存在的砂石需求量大、造价高、周期长的问题，切实加快施工进度，缩短筑堤工期。实施捻泥于田，对经监测未污染的农村河道，采取传统竹制捻泥工具和泥泵相结合的方式，将淤泥调用到蔬菜、瓜果大棚肥田。

5.1.3　激活社会力量参与其中

河长制在基层的落实取决于人民，也得益于人民，德清就是充分利用各种手段调动人民群众的参与，让百姓意识到护水有功，守河得益，也切实感受到支持河长制落实的效果，看到人居水环境的巨大改变，并能从中受益。

1. 开创“生态绿币”模式，转化全民治水红利

德清县下渚湖街道首创“生态绿币”治水激励举措，管理者通过对生效的民间“河长”“渠长”“塘长”的巡河质量、巡河次数、管理建议进行考核，给予相应的“绿币”奖励。如巡河次数排名第一的护水治水员，每月奖励 5 枚绿币，排名第二至第四的奖励 4 枚绿币，以此类推。

值得一提的是，这些“绿币”可以兑现。如：该街道下杨村热心公益的“90 后”陈灏泽主动当起了下杨村余家岭塘的塘长，只要有空就巡塘治塘。一段时间的治理换来余家岭塘的水清岸绿，陈灏泽也累计得到了 30 枚“生态绿币”奖励，用这奖励换取了一盆绿植。

除了换绿植，“绿币”还能换“真金白银”。为吸引更多群众参与，街道与当地农商银行签订协议，推出“绿币”信用贷款试点，对治水积极、热心公益的村民配比 5 万元到 30 万元额度的信用贷款。银行设 6 个档次给予不同额度的信用贷款和利率优惠，申请贷款前一年绿币总数达到 100 枚以上，最高可获得信用贷款 30 万元，利率按照同档次利率下浮一定比例执行。下渚湖街道四都村的青虾养殖户沈菊仙担任家门前的民间塘长后，凭借出色的治水护水表现获得了 180 多个“生态绿币”奖励，不用任何担保就获得了 20 万元的信用贷款。

2017年5月，街道联合县网信办、县治水办、县网络文化协会、县摄影家协会等共同举办网络媒体服务“剿灭劣Ⅴ类水”现场体验活动，在全县范围内招募志愿者50余人来体验生态绿币兑换的全过程。此次活动的成功举办，不仅扩大了剿劣网格，完善了河长制奖优罚劣机制，更为生态绿币在全县范围的推广提供了可实践、可量化、可复制的经验。

2. 民间河长成为长效治水的有力抓手

民间河长作为基层河湖管理的主要力量，是激发全民合力落实河长制的关键环节，也是保持水环境长效治理、长效管理的基础，德清县的一系列做法实现了“人人当河长，处处护河员”，激发起群众的热情。

德清县河长制办公室落实民间河长的具体岗位职责，深化拓展民间河长的内涵和外延，引导形成“企业家河长”“乡贤河长”“洋河长”“巾帼河长”“养殖户河长”等多元化的民间河长力量，与党员护水队、“河小青”“护水管家婆”等多个民间公益团体，开展巡河找茬、清洁清扫、全民悬赏、宣传入户等各类群众公益活动，“家庭护水公约”推广、护水写入村规民约，设立民间河长奖励机制等。这种做法形成责任河长和“民间河长”并行的河道管理模式，同时解决责任河长事务多、精力不够、巡河不到位等问题。

除此之外，民间河长的选拔采取竞争上岗机制，村民们同台竞技开展选举大赛，为巡河、护河、治河出谋划策，并作出竞选上岗的承诺，进而让每一位上岗的民间河长有自己的工作计划，更明确了自己的职责。同时，结合“生态绿币”激励机制设计和发挥河长APP作用，进一步融合民间河长与责任河长的工作衔接，打破“治水靠政府”的

观念，消除河长参与门槛，进一步吸引更多群众加入。

5.1.4　深度治理驱动绿色发展

德清县落实河长制以水环境治理为基础，在环境持续改善，生态逐渐修复的同时，以山清水秀为绿色经济的发展基调，开拓文化旅游、生态旅游等产业发展新局面，实现环境持续向好，经济高质量转型发展，真正实现河长制实践驱动社会经济绿色发展。

1. 统筹规划与设计小微水体的治理

县域的治水尤以小微水体治理难度最大，也是打通河道毛细血管的最关键环节，德清县在小微水体治理上探索出一套创新模式，以“截、清、治、修、管”五字诀为基础，突出生态修复这个关键点，因水制宜、综合施策，形成“治微九式”小微水体治理攻略，治理成效明显，适合推广应用打通了河道治理的“神经末梢”，让河道最细小的部分得到妥善管治，不仅改善居民周边的生活环境，强化宜居的生态基础，更进一步提升德清的土地价值、田园生态价值，旅游观光价值。不仅当地百姓享受到了水环境治理的好处，更多的外地游客也愿意来德清旅游。

“治微九式”模式保障了生态环境的长治久安，生态环境的持续向好，人民群众的生活质量持续提升，群众也更愿意参与到河长制的实践中来。良好的生态环境也会促进经济高质量发展，推动当地绿色经济发展，从而反哺当地生态建设，实现环境与经济共济互补，形成一种正向的闭合。“治微九式”的治理模式包括以下方面：

(1) 水体连通式。针对一个区域内有数个临近小微水体的情况，采取工程手段，将临近小微水体连点成面，建立大水体生态系统，实现水体扩容和水生态自净能力提升的双重效果。

（2）水景环绕式。针对居民区、农户房前屋后环绕的兜浜、港汊或面积较大的水体，结合美丽城镇、美丽乡村相关项目建设，通过修建亲水平台、沿水体绿道等方式，打造群众滨水健身、休闲、娱乐空间，将其建设成为水环境景观。

（3）景观公园式。针对周边农户集聚较多的池塘类水体，特别是在新农村周边、村委门口、自然村聚集点等农户聚集区的池塘，通过种植观赏性水生植物、放养观赏性水生动物，加强日常管护，将其打造成为农户家门口的公园。

（4）人工水系式。针对城区居民小区内部水体，结合海绵城市建设、小区环境建设，通过清淤、清杂，引入优质水源，加强岸坡建设，强化水体园林景观功能，并加强日常管护。

（5）人工湿地式。针对农户周边较大面积、自净系统较强、日常使用较为频繁的水体，按照水面、水体、水底、水边“四位一体”生态湿地打造方式，依据地理条件、水利条件，选择和种养水生动植物，形成具有小环境生态水利调节能力的生态系统。

（6）生态田园式。针对周边农户较少、沟通外界水系困难的水体，采取原生态方式治理，恢复农村田园生态形态。

（7）过水排涝式。针对与机埠、外河、湖漾相通且流动性较大的水体，采取建设人工渠道、轮疏清淤、种植水生浮叶植物等方式，起到既增强排涝过水能力又净化水体

的作用。

（8）水源保护式。针对山区丘陵地带的山塘、水库、山间小池塘等小微水体，采用浆砌块石修建出水护岸、种植绿化固定集水护岸的方式，汇聚山间溪流雨水，满足周边农户日常用水需求。

（9）原始生态式。针对山间野外天然形成且周边人为影响因素较少的溪流、低洼地，采取清理整治周边环境、加强日常保洁等方式，保持水体原生态。

2. 生态旅游助推绿色发展

德清县以“五水共治”为突破口，以河长制为抓手，全面完成“清三河”治理，强势开展低小散涉水企业、矿山企业、生猪养殖、温室龟鳖养殖、清淤、截污纳管等专项整治，并打造形成了一批治水示范项目，切实改善了河道水生态环境质量。并依托良好的山水生态风貌，逐步形成以“洋家乐”、农家乐、青年旅舍、生态有机精品观光农业等为代表的乡村民宿旅游新业态。

为实现治水兴游，德清县逐步开展工作首先就是治水、保水，发挥机制作用，打造新型旅游示范项目。

第一步是铁腕治污。首先是强力推进环莫干山区域的涉水企业整治，通过关闭、搬迁等方式，清退竹笋加工厂、竹拉丝企、萤石矿等重点污染企业；其次是深化落实污染集中处理处置，在莫干山、筏头2个乡镇配备生活污水处理站各1个、建成污水处理池89个，实现17个行政村污水集中处理全覆盖，投入40万元设立日处理量为200kg餐厨垃圾处理中心，探索餐厨垃圾规范化处理；再就是规范管理，出台《德清县民宿管理办法》，发布中国首部县级乡村民宿地方标准规范《乡村民宿服务质量等级划分与评定》

(DB 330521/T30—2015)，实行民宿“一户一档”动态管理。

第二步是持续强化生态补偿机制。自2005年起在全省率先实施生态补偿机制，对莫干山、筏头、三合等3个乡镇的生态环境保护和生态项目建设实施补偿，实现西部乡镇森林覆盖率均达到90%以上，水质达到Ⅱ类水以上，十年来累计投入2.6亿元，并探索在水价中提取0.20元/t作为水源保护补偿资金的模式，形成每年1000万元规模的专项资金，用于水源保护及保护区内居民生活补贴。

第三步是打造水系观光样板线。开展基础建设，开展全县109条河溪原生态保持规划，将防洪水标准调整为防冲刷标准、工程护坡调整为生态护坡，实施阜溪集镇段、碧坞溪、劳岭水库等生态景观提升工程，新建生态堰坝5个、亲水公园2个、观景栈桥和观光亲水平台各1座，打造完成埭溪、鸭蛋坞溪、碧坞溪、阜溪等10条山区观光河道。其中，环莫干山异国风情景观线成功入选浙江省美丽乡村十大精品线路。2014—2016年，德清县以洋家乐为代表的特色民宿接待游客87万人次，营业收入达10.36亿元，并于2015年成功入选首批20个“中国乡村旅游创客示范基地”。

5.2 网格化管理做实河长制——浙江省湖州市

湖州市是一座具有2300多年历史的江南古城，地处浙江省北部，如今是浙江省的典型代表城市之一，2018年被评为“中国大陆最佳地级城市30强”“中国最佳旅游目的

地城市第 20 名”，同时是“长三角城市群”成员城市、环杭州湾大湾区核心城市。值得一提的是，作为河长制落地实践的典型代表城市之一，其下辖的德清县也是重要的河长制创新实践基地，同时“绿水青山就是金山银山”的“两山论”发源地安吉县也位于湖州市，除此之外湖州还下辖长兴县以及吴兴区、南浔区。

湖州市自 2013 年浙江省统一部署全面实施河长制工作以来，经过几年的探索实践，已基本形成了以河长制为核心的治水长效机制，落实责任管理体系，全市各区县河长制创新实践各有千秋，治水工作成效显著。2017 年是河长制工作在全国推行的启动之年，作为在全国较早开展河长制的地区，湖州创新河长制实践模式，两区三县结合各自的区位优势和河道情况，开展不同类别的创新实践，全市形成以“网格化、智慧化、规范化、全民化、专业化”为支撑的河长制系统实践，在“6 个统筹”方面开展不同程度的应用实践，并以健全立法、标准，固化完善制度，导入智慧管理手段等为支撑，助推湖州河长制创新升级，将湖州打造成为河长制实践的优秀案例，吸引各地河长前去参观学习。

5.2.1　统筹全市产业治理

湖州市为夯实河长制落实基础，在工业主要集中的区域，以强力淘汰产业封堵污染源头，以环境整治倒逼产业升级，对整体工业结构进行改造重塑，寻求产业绿色发展路径。

其中，为实现产业的整体重塑，采取“腾笼换鸟”的策略，湖州市出台《关于进一步整治提升“低小散”块状行业深化“腾笼换鸟”的若干意见》等行业专项整治文件，以大力气淘汰数量庞大的“低小散”型企业，同时引进高端制造产业，为全市产业升级铺路。

南浔区是湖州工业聚集的主要区域，也是污染源头治理的重点区域，治污动作最早开始，效果也比较显著。南浔区的木地板制造行业最为知名，“低小散”企业非常集中，是重点整治行业。区政府首先对辖区内“低小散”企业进行地毯式排摸，在掌握了全部信息之后制定专项整治实施方案，淘汰落后产能，清退污染企业。同时，南浔区利用整治拆除后腾出的空间，建设小微企业创业创新产业园，扶持新兴产业发展。按照“产业集聚、管理规范、运行有序”的原则，强化产业引导，设置准入门槛，引进机械配件、节能环保、电子商务等项目，并引导“两路两侧”及其他小微企业入园生产，全力打造电商园和众创园，将南浔区打造成为产业转型升级的样板。

在治理源头污染的同时强化源头保护，湖州在生态环境优势明显的区域开展保护工作，封山护水，引导居民转变生产生活方式，将原有的生态优势进一步固化下来，让生态环境质量和百姓生活质量双提升。

以“两山论”发源地湖州市安吉县为例，为保障饮用水安全，水环境高质量保持，安吉县在水源地开创“退经转封”工作，以转变竹林、板栗林等经营方式，采取禁药、禁肥为主的封山育林手段，减少因林地经营行为而带来的水污染，切实改善水源地生态环境。早在2014年，安吉县就出台了《高海拔地区毛竹林退经转封政策》，投入专项资金对毛竹林实施“退经转封”。随后，安吉县又将此政策施行到板栗林，一批如《赋石水库库区板栗林封山育林管理

办法》等政策落地开花。安吉县“退经转封”政策出台后，既抓森林生态修复能力提升，又落实农业面源污染治理。通过“两区两管”方式，在赋石水库重点控制区，全面禁止草甘膦、百草枯等化学除草剂和化肥的施用，回归传统的人工劈山、除草的生态化经营；在一般控制区，实行限药减肥的生态经营措施，引导村民开展生态经营。“退经转封”机制开创“补林护水”新方式，建立生态补偿长效机制，使水源地水质得到明显提升，成为统筹推进水环境治理的系统工程典范。

5.2.2　压实河长责任机制

在源头治理和源头保护的基础上，为保障河长制的长效运行，湖州市探索出一套网格化管理的长效机制体系，从机制设计、立法与标准等方面做文章，来驱动各级河长与河长制办公室的职责落实，压实各个环节的基层工作，形成一套很有借鉴意义的系统设计。

（1）建立实施多级的网格化管理机制。第一步是全市范围内建立网格化组织架构。在设立市级河长、县区河长、乡镇级河长和村级河长的基础上，为覆盖沟、渠、塘等小微水体，在每个小微水体明确一名“塘长”“渠长”，实行包干落实到个人，并在相应区域配备“河道警长”，强化河道管理权威。同时针对小微水体面广量大、布局分散的特点，建立网格化水体管理机制，以生产队（小组）为单位划分网格，由生产队长（组长）担任基层网格“河长”，将河长制管理触角延伸到一线基层，真正做到每个水体都有人管。第二步是明确网格化工作内容。深化落实“一河一策”“一湖一策”“一格一策”“一点一策”的编制工作，将编制范围拓展到所有河道及所有湖泊、水库、小微水体，进一步落实“水污染防治、水环境治理、水资源保护、水域岸线管理、水生态修复、强化河道立法和执法监督”等6大河长制主要任务。第三步是压实网格化工作责任。在原有河长制实施方案基础上，出台《关于全面深化落实河长制进一步加强治水工作的实施意见》等政策，细化工作任务和流程，明确每个网格、每条河道的治理目标、治理计划、治理项目和治理主体，并以任务书、责任状等形式下放任务，做到“目标任务化、任务项目化、项目责任化”。

(2) 再就是规范化各个环节的标准动作。一是工作要求规范化。进一步健全河长标准化制度体系，在“组织架构、工作制度、任务落实、运行保障”等方面建立制度标准，以制度固化河长制经验，以标准规范河长工作，从而落实各级河长职责。另外，2017年浙江省人大常委会就审议通过了《浙江省河长制规定》，成为省级层面首个关于河长制的地方性立法，湖州市也加快推进河湖管理保护立法工作，将各级河长的工作以立法形式予以明确，规范各级河长履职。二是资金投入规范化。湖州建立了规范化的治水资金投入机制，落实管理和施治经费，会同财政部门研究河长制工作资金保障及规范化使用管理机制。同时，探索建立市场化、社会化的河道管护机制，积极引导社会资本参与，建立长效、稳定的河湖管理保护投入的保障机制。在水环境治理、河道维修养护、河道保洁等方面培育市场和产业主体，鼓励和引导民营资本、社会资金等参与河湖管理保护。三是督查考核规范化。健全省、市、县（区）、镇（街道）四级“纵向联动”以及党委政府、人大、政协、职能部门、社会群众“横向互动”的大督查格局。实行“月督查、

月排名、月通报”工作推进机制。制定出台《湖州市河长制长效机制考评细则》等规定，强化考核监督，联合市纪委对河长履职情况开展专项检查。

以湖州安吉县为例，在落实河长制标准化管理方面，有很多工作走在全国前列，效果十分显著。安吉县先后出台《美丽乡村水环境优美村创建标准》（全国首个标准）、《关于开展水环境优美村创建工作的实施意见》《进一步加快开展水环境优美村创建工作的实施意见》等系列文件，强化落实网格化管理体系，全力启动水环境优美村的创建工作，以试点带动全县，以标准固化经验。2018 年安吉县入选国家级生态文明建设示范县。

5.2.3　全方位监管治理

湖州市在智慧化手段的多层次应用方面，结合空中、河道以及河岸的多方面科技手段，建立起全方位的管理体系。一是工作管理智慧化。湖州市利用信息产业园优势，打造一套“人防＋技防”的智慧化河道（水域）管理体系，建成市、县两级“河长制”信息化管理系统，将湖州市各级河道、河长信息全部纳入大数据云管理，完成河长管理、巡河、考核模块，河道水质数据模块、问题任务督导模块以及“一河一策”重点项目模块的改造升级，全面建立融合“水质水情、交办督办、考评考核”为一体的综合管理平台。二是河长履职智慧化。建立河长制 APP 并持续加大系统更新升级和 APP 推广运用力度，将河长 APP 的使用作为考核河长履职到位情况的重要依据，全面建成市、县两级“河长制”信息化管理系统并配发 5497 台智能巡河终端，实现了巡河轨迹实时化、巡河记录可追溯、巡河日志电子化。三是长效管护智能化。在浙江省率先引进无人机航拍，月飞行距离100km以上，抽查河道保洁情况，推广运用“无人机”“电子眼”等在河道水域管理中的运用，市级无人机巡航范围扩展到所有市级河道，河道“电子眼”监控实现24h实时化监管。

长期以来，乡镇基层河道的保洁一直是头疼问题，水域分散、流动性强，河面情况无法实时掌握，定期打捞往往无法全覆盖，时常出现河面垃圾、水草堆积等问题。以南浔区石淙镇“千里眼”护卫河道保洁为例。石淙镇通过在河道安装“千里眼”监控系统，保洁人员坐镇“指挥室”就可精准掌握河道情况，以科学管理方式、多方参与的方式开创了河道保洁新模式，真正做到长效保洁。石淙镇的做法首先是在练市塘、排塘港等主要航道节点安装高清摄像头10个，实时监控河道保洁情况。同步在河道保洁作业船上安装GPS定位，清楚地记录作业船的行驶时间、轨迹、里程数等信息。同时，新建管理工作用房两间，作为数字化河道保洁工作站的实际操作场地，其中一间安装了电视、电脑等设备，通过宽带联网可以在室内直接看到整个石淙镇主要河道保洁程度，以及保洁船作业情况，有效提高了河道保洁的工作效率。

实行“分段化”管理模式，将全镇河道分为外围河道和村级河道两类，实行分段管理。镇级外围河道实行“以养代管”模式和“专职保洁队”模式进行管理。“专职保洁队”由镇农业综合服务中心统一调配，统一管理，落实专职工作人员、专门定制保洁用船等。村级河道由各村落实专职河道保洁员，实行管理落实到个人。引入第三方监督模式。按照“一河一长、条块结合、分片包干”的管理责任体系，安排各河长承担河道保洁长效管理、沿河环境整治、河道生态绿化、农业面源污染整治等具体工作任务，构建起“横向到边、纵向到底、全面覆盖、分级管理、层层履责、责任到人”的三级网格。同时，第三方力量充分发挥社会监督作用，有效解决考核不到位等问题。自创新河道管理模式以来，石淙镇以科技换人，让“千里眼”护卫河道，实现了以最少的人力，最高的效率，保持河道整洁。

5.2.4　激活全民参与热情

河长制的落实离不开人民群众的参与，这一点湖州市的经验值得全国借鉴，特别是以多种多样的鼓励方式，激发百姓的参与积极性。

(1) 开展多渠道、全方位的宣传引导工作，发动每个群众参与。组织开展“河长制”宣传月活动，利用报纸、网络、电视、微信、微博、客户端等各种媒体和传播手段，集中宣传河长制推进落实过程的优秀经验、特色亮点和先进典型，开展“十佳基层河长”“最美治水人”“优秀河长代表评”等评选活动，树立一批优秀河长，以树立典型代表带动更多群众参与。

(2) 以多种方式建立全民参与的渠道。如开设“治水剿劣进行时”“寻找最美治水人”“寻找最美河长”等一批高效便捷的全民参与载体，继续发挥“护水公约”“巾帼护水岗”“认领同心河”等实践载体的作用，组建各类民间护水团体组织，实现流域沿岸村村建有护水队，家家都有护水“责任田”。不断壮大“民间河长”队伍，推广“企业河长”“民兵河长”“乡贤河长”“联村河长”等有效做法，吸引一批有能力、有素养、有想法的民间人士充实到河长队伍中来，实现“人人当河长”。

(3) 发动全民监督，唤醒“主人翁”意识。如充分发挥新闻媒体舆论监督作用，持续完善“曝光台”“电视问政”等全民监督平台，推出“我是河长”APP，通过随手拍、即时报方式鼓励广大群众主动发现身边的治水问题。建立信访投诉、举报热线、舆情化解、交办督办等工作机制，对社会百姓关注关切的治水热点问题，第一时间响应，最快时间解决，充分借助社会监督力量提高百姓对治水的“获得感”。

与此同时，湖州将河长制落实与党建工作结合起来，发挥党员先锋带动作用，将河长制实践成效与党员培养挂钩。如湖州的千金镇充分发挥党员先锋模范作用，为加快小微水体整治，进一步固本提标，严防反弹。千金镇发动60周岁以下共产党员532名按就近、就便原则成立了“党员护水岗”，通过党员“巡、护、劝”模式，以党员认领河道、设立“党员护水岗”标示牌、公示党员姓名及护水承诺、做好党员巡查记录等方式，切实发挥党员先锋模范作用，积极发动全民参与治水，坚持“从群众中来到群众中去”，党群形成合力，形成彼此监督、自觉维护、人人参与的全民治水氛围。

5.3 河长权力与职责的创新——福建省

福建省是中国水资源最为丰富的省份之一，相较于浙江、江苏这种承接上游、河道穿省、水网细密的地区不同，福建省的河道绝大多数发源省内，全省除交溪（赛江）发

源于浙江、汀江流入广东外，其余河道均发源于境内，并在本省入海。河流宽、水量大是主要特点，福建省流域面积在 50km^2 以上的河流共有 740 条，流域面积在 5000km^2 以上的河流主要有闽江、九龙江、晋江、交溪、汀江 5 条。其中，闽江作为福建省最大河流，全长 577km，多年平均径流量为 575.78 亿 m^3，流域面积 60992km^2，约占福建省面积的 1/2。

福建省多数河道属于山地河流，流域面积大，水力资源丰富，水力资源蕴藏量居华东地区首位。结合福建省水量充沛，水力资源丰富等特点，福建的河长制建设落实工作以水资源保护、防洪防涝、水利发展等为主线。早在 2009 年，福建就在三明市大田县进行了河长制探索；2014 年，河长制在福建省主要流域全面实施；2017 年，福建全面推行河长制，从省级总河长到河道专管员，实现了省、市、县、乡、村五级治水全覆盖，并在各个级别设立“双总河长”的机制设计，其中村级不设置河长，而单独设立职业化的河道专管员。

5.3.1　统筹做好顶层设计

自福建省探索河长制工作以来，基层实践形成许多优秀的做法和经验，同时为了固化这些优秀的案例经验，在福建省更好地推广河长制落实，福建省人民政府常务会议通过了《福建省河长制规定》，并于 2019 年 11 月 1 日期开始实施。这是首次将福建省探索推行河长制实践过程中的好做法、好经验写入法规，如设立河道专管员、行政执法与刑事司法衔接等。

《福建省河长制规定》明确了河长制的职责，河长制主要是在相应水域设立河长，由其负责组织领导相应水域的管理和保护工作，建立健全以党政领导负责制为核心的责任体系，构建责任明确、协调有序、监管严格、保护有力的机制。同时，也明确了河长制的工作任务，主要包括加强水资源保护、水域岸线管理保护、水污染防治、水环境治理、水生态修复、执法监管等任务。

《福建省河长制规定》将行政河长分级设置、河长巡河要求等内容固化为标准，让各级行政河长有章可循，福建省行政河长设置分为四个等级，以省、市、县、乡对应的分级分段建立四级河长体系。各级河长巡河时应对所辖水域的水质、水环境、涉河工程等事项进行巡查。同时，对河长巡河做出明确规定，省级河长按有关规定开展巡查，市级河长每季度巡查不少于1次，县级河长每月巡查不少于1次，乡级河长每周巡查不少于1次，对水质不达标、问题较多的水域应当加密巡查频次。

《福建省河长制规定》中，具有代表意义的是全面推行设立河道专管员、基层服务外包等创新举措。福建省没有设置村级河长，而是要求县、乡两级可根据所辖水域数量、大小和任务轻重等实际情况，按照有关规定招聘河道专管员，负责相应水域的日常协查及其情况报告、配合相关部门现场执法和涉河涉水纠纷调处等工作。并将河道专管员职业化，由省里统筹设立专项资金，为基层河道管理提供全职的岗位保障。同时，规定鼓励政府通过购买服务的方式，将相应水域的日常巡查及情况报告、保洁等相关工作委托专业化服务机构承担，促进基层工作落实到位。规定还提出，各地应当按照有关规定开展生态环境领域综合执法，依法集中行使涉河涉水等生态环境领域的行政处罚权，

鼓励各地完善生态环境资源司法联动机制，促进涉河涉水行政执法与刑事司法的衔接。

《福建省河长制规定》作为首部专门规范河长制工作的地方政府规章，将河长制从改革实践提升到了法规层面，有利于加大河湖管理保护监管力度。同时，将基层设立河道专管员、部分服务外包给市场、行政执法与刑事司法衔接等好经验、好做法以法律法规的形式在全省推广，这样有助于推动从各涉水部门单打独斗向全省统筹管理的转变。

5.3.2　在实践中统筹工作落实

有了法律的保障和系统的机制设计，福建省在落实河长制工作中，从统筹规划、统筹工程、统筹运维、统筹经费、统筹监管、统筹社会参与等方面做了不同程度的创新设计和系统实践，许多好的做法也是从各个市县等基层实践中提炼并推广到全省，许多河长实践经验是从福建省的河流和水资源特点出发，有很强的实践生命力。

（1）统筹制度设计，在河长制管理体系有独特创新。按照党政同责、流域统筹的原则设立四级行政河长，而基层设立河道专管员，配合服务外包等做法，保证质量和效率。将河长制组织体系延伸到村，河长制办公室延伸到乡，全省共设立区域河长 1326 名、流域河长 3647 名，聘请村级河道专管员 13231 名、覆盖 14338 个村，设立省、市、县、乡河长制办公室 1182 个，形成了区域流域结合、省市县乡村五级穿透的河长管河架构。各级河长制办公室实行集中办公、实体运作、联席会商、联合作战的工作机制。并强化河长制办公室队伍建设，保障领导工作到位。其中，省河长制办公室由水利厅厅长兼任主任，水利厅、环保厅各抽调1位副厅长担任专职副主任，住建厅、农业厅各派遣1位副厅长兼任副主任，8个部门工作人员由省委组织部选派干部挂职，两年一换。同时，建立河长制工作三级督导检查机制，对履职不力的相关责任人进行通报、约谈、问责等。

（2）统筹落地实践，强化基层保障措施。落实基层河长制工作主要依靠建立队伍、找好的方法，提供资金保障等手段，福建省在顶层建设上为基层工作落实提供明确的政策保障。一是落实河湖专人巡查：在河长巡河的同时，采取“县聘用、乡管理、村监督”方式，招聘村级河道专管员，专人巡查河道。二是推行专业管护：试行河道管养分离，通过购买服务、委托有资质的保洁公司等方法对河道进行专业管护。三是强化经费保障：省级根据年度考核结果，实行以奖代补方式，安排专项资金用于奖补；市级相应安排专项资金进行补助；县（区）将河湖管护经费和河道专管员的劳务报酬、业务培训、设备购置等经费纳入财政预算。层层加码，保障经费落实到位。

（3）两手发力，统筹流域治理。福建省根据各个区域流域实际特点，通过政府引导和社会参与的方式，制定相应的引导和鼓励政策，扶持和鼓励专业领域企业参与工程项目，实现流域治理的两手发力。在重点工作上，落实“一河一策”全域治理，重点推进点上抓“三清”（清理河道违建、生猪养殖污染、城市黑臭水体等三个专项行动）、线上抓“三江”（闽江流域、敖江流域、九龙江流域）、面上抓“六治”（治污保水清、治乱保有序、治涝防水淹、治电畅水流、治砂除水咸、治藻让水净），着力解决河流治理管护的突出问题。

（4）强化科技智慧手段，助力长效管理。各地运用互联网、无人机等高新技术，通过天巡地查、人防技控，形成政府与公众合力、线上与线下互动、实地与远程联动的监测预警格局。同时，以开发福建省河长制综合管理信息系统，上线河长 APP、河道专管员 APP、分级建立“河长在行动”微信群等方式，对河长制工作进行可视化、自动化、适时化的全过程监管；利用无人机巡河、人机结合模式，实现巡河全覆盖、无盲区；优化整合河湖生态监测网络，科学设置监测点，实现市、县、乡水质交接断面实时监测全覆盖。

（5）搭建护水平台，让全民参与成为社会共识。以发动党员带群众、团员带青年、企业带员工、妇女带儿童等方式，促进社会参与，变“政府治水”为“全民治水”，福建省形成“三长共治”（政府河长＋企业河长＋群众河长）局面。省河长制办公室联合团省委、省学联等创新开展“河小禹”专项行动，依托全省 67 所大中专院校，组建 110 支“河小禹”社会实践队，组织 1360 名学生深入 84 个县（市、区），参与河长制工作。

（6）建立政法联治，让河道管治有权可依。福建省河长制实践的一大特色就是充分应用立法权、衔接司法权、集中执法权，从而实现依法治河、铁腕护河。省人大颁布《福建省水资源条例》，明确河长制工作任务和河长职责，为河长依法管河治河提供了法律依据；出台《加强生态环境资源保护行政执法与刑事司法工作无缝衔接意见》，设立驻省河长制办公室检察联络室，部分市县成立了河长制司法保护工作站、河长制生态环境审判巡回法庭等，为河长履职提供了司法保障；借助公安机关高效的执法力、威慑力，部分地区配置了“河道警长”、成立了生态警察中队等做法，为河长治水保驾护航；部分市县集中水利、国土、环保等部门，整合和统筹使用生态环境行政处罚权，探索成立生态综合执法局或大队，统一履行生态环境领域的行政处罚权。

（7）强化基础研究，建立全省河道档案。为全面有效地掌握全省河流水资源情况，评估河道管理与施治的水平和成效，福建省加大基础研究投入，为完善全省河长制信息平台以及“一河一档”等信息系统提供支撑。其中，福建省水利厅与福建师范大学联合成立的福建省河湖健康研究中心，于2019年8月启动“福建省河湖健康蓝皮书”编制规划，计划用三年时间完成福建省主要河湖的健康评估工作，目前已取得初步成果，并于2019年10月发布《福建省河湖健康蓝皮书——福建省流域面积大于200km^{2}的河流健康评估报告》，这是我国首部省级全域性河湖健康评估“蓝皮书”。福建省作为全国首个生态文明试验区，水系密布，河流众多，流域面积在200km^{2}以上的河流有179条。“蓝皮书”就是对福建这179条河流开出了“健康体检报告”，让社会各界对全省水资源、水环境和水生态有更清晰的了解，为实现全省河流健康问题辨识、原因诊断提供有力支撑，为政府管理部门决策提供参考和依据，为河长制具体实践提供帮助，也客观地反映了福建省河长制推行以来取得的成果。

5.3.3 聚焦点上的具体实践

三明市是福建省最早开展河长制实践探索的区域之一，也是全省出台《福建省河长制规定》中推广优秀经验的汲

取地，其中三明市沙县是福建省首批4个综合治水试验县之一，在河道专项治理、探索副职河长落实权责机制、公检法联合参与执法等方面的一些创新经验，通过《福建省河长制规定》在全省推广应用，是福建省河长制实践探索的前沿阵地。

沙县在统筹治理方面，将各个部门涉水资金进行统筹规划，资金的管理权还在各个部门，但是如何使用需要河长制办公室来制订计划，与治水有关的工程项目需要经河长制办公室审核后，统一下拨专项经费。通过污染治理、生态保护等方面工作，稳固河长制落实的基础成效，重点抓好污染源整治，狠抓工业污染治理，实施园区污水集中处理设施建设，推进企业废水深度治理和清洁生产，并严格执行工业企业环保排污标准，确保涉水工业企业污染物稳定达标排放。重点推进畜禽养殖污染治理，加快实施生活污染治理，同时全力推广“户保洁、村收集、镇转运、县统筹”保洁机制，实现环境卫生整治常态化、机制化。在强化生态修复方面，实施饮用水源保护、水土流失治理、青山挂白治理、河道采砂治理及绿色生态工程建设，划定建设饮用水源保护区，取缔非法采砂场，严格落实沙溪城关、高砂、官蟹等3个水电站最小下泄流量，建成县水电站最小生态下泄流量在线监控中心，确保系统平台稳定运行。同时，加快推进产业绿色转型，积极创建国家级生态县，全面划定生态保护红线和“一核两带一圈”主体功能区，建立以改善提升生态环境质量为目标的绿色考评体系，同时依托中机院海西分院、中节能环保产业园等央企平台，推进绿色制造产业落地，加快推进省级智能制造示范基地建设，大力发展节能环保产业，加快推进产业绿色转型，有效减少了源头污染。

在制度机制建立方面，沙县河长制由县政府“一把手”担任一级河长，镇、村负责人为二级、三级河段长，实行包河治水，构建纵向到底、横向到边的管护网络。各地县级河长一般都由副县长挂职河长，为了让副县长在处理跨分管领域协调涉水事务时，权力与责任对等，发挥更多的作用，沙县通过制订《沙县县级流域河长履职图》《沙县县级流域河长履职工作制》《沙县河道问题处置联动机制》等政策，赋予县级副职河长对等的权力，包括有权提前下发河长令，有权召集专题会议，巡河问题处置时有权调动涉及单位的直属领导，对不作为、乱作为的跨级河长有权提请纪委监察委追责问责等。这种制度建设对副职县长的河长赋权，实现权责对等，在履行河长工作的时候有更大的操作空间和权力依据，在落实工作中分担总河长的职责，有效解决了副职河长权责不对等的问题。为全面推进沙县的有效经验，福建省水利厅下发《关于借鉴〈沙县县级流域河长履职工作制度〉实现河长制工作“从有名到有实”的通知》要求全省其他地区借鉴学习沙县的机制模式，同时《沙县县级流域河长履职工作制度》入选“中国水利十大基层治水经验”。

在联合开展基层执法方面，沙县在全省率先把森林公安队伍作为生态综合执法的主要力量，组建沙县生态综合执法局。联合执法的主要做法有以下方面：

（1）集中授权，创设生态执法新模式。沙县在全省率先把森林公安队伍作为生态综合执法的主要力量，组建沙县生态综合执法局，并报省政府审查批准，成为沙县人民政府直接领导的行政执法部门，明确执法主体，赋予沙县

生态综合执法局具有矿山环境保护、涉水环境保护、水污染防治、水土保持、水管理、河道管理、流域水环境保护管理等七个方面 73 项法律法规规定的部分行政处罚权，依法独立开展行政执法。

（2）整合力量，搭建生态执法新平台。沙县生态综合执法局作为县政府生态环境领域综合行政执法机关，内设办公室、政策法规股、综合执法股，从国土、水利、环保、住建、林业、农业相关部门单位抽调有行政执法资格的骨干人员，组建了一支政治素质、业务素质精和法律水平较高的专业综合执法队伍，实行"合署办公统一指挥、统一行政、统一管理、综合执法"的运行机制，统一管理、统一着装、统一执法。执法人员全员参加省政府法制办举办的综合执法证考试，并取得生态综合执法资格。沙县 6 个森林公安派出所加挂生态执法分局，全员参与生态案件执法，实现巡查执法全域化。

（3）司法衔接，构建生态执法新机制。沙县设立生态法庭、检察院联络室、生态执法局，建立河长制办公室与公检法等四个部门工作联席会议制度，运用现代科技手段，抢建执法资源共享的网络平台，逐步实现案件的网上移送、网上办公、执法动态的交流和业务研讨、案件信息的流程跟踪和监控，从而增强行政执法与刑事司法整体工作的合力，提升查处破坏生态环境秩序违法犯罪的工作成效，促进行政执法与刑事司法相衔接，打通涉河涉水生态案件办理的快速通道。

生态综合执法局成立以来，开展执法巡查，制止查处非法取水、非法采砂、非法电鱼、非法处置病死猪等违法行为，从法律执行与监管层面有效解决了河长制落实执法力量薄弱、缺乏执法依据、执法管理效率低、跨界问题无人管等问题，有效遏制了各类破坏生态环境事件的发生，进一步强化河长制基层工作的成效。

在强化考核监督方面，各乡镇主要负责人是第一责任人，承担河长制工作的领导责任，各成员单位按照明确的职能各负其责。为此，沙县出台了《河长制工作问责制度》，明确了作出书面检查、提醒谈话、通报批评、调离岗位、引咎辞职和免职等六种问责形式。问责制度规定各乡镇在落实河长制工作中，出现未按河长制要求分级明确责任和任务分解，未完成沙县河长制年度考核内容或阶段性任务，未及时发现水环境保护违法违规问题，或发现问题后不及时制止和报告、造成不良后果，未积极主动协调河道问题整改，经上级督办、通报仍无实质性进展，对社会反映强烈的水环境保护问题处置失当等情形，将对相关责任人实施问责。各成员单位在落实河长制工作中，出现制定或采取与水环境保护法律法规及政策相违背的措施，违规审批、验收项目，不履行相关职责等情形，将对相关责任人实施问责。

5.4 河长制的创新和探索——上海市

上海市是中国的金融中心、经济中心，同时也是对外开放的先头城市，在新时代以创新为引领的“五大发展理念”指引下，肩负着许多改革创新的实践任务，同时，全国各地也聚焦上海河长制落实、垃圾分类等具体改革实践的成效。作为中国四大直辖市之一，也是地处长江入海口

的临海位置，上海的河网密布，水系发达，面临着内陆河道与海洋治理的双重任务，水环境治理存在任务重，难度大，易反复等特点。以苏州河治理第四期工作为引领，上海市政府在加强河道水环境治理、岸上“清四乱”等各方面落实水环境治理，进一步强化政府引导、市场助力和群众参与的河长制实践基础。

5.4.1　明确目标，统一思想

2018 年 11 月，习近平考察上海时提出希望上海继续当好全国改革开放排头兵、创新发展先行者，勇于挑最重的担子、啃最难啃的骨头，发挥开路先锋、示范引领、突破攻坚的作用，为全国改革发展作出更大贡献。上海市作为中国对外开放的样板城市，也是一系列重要改革举措的示范城市，以国家对上海市的战略定位为背景，上海市河长制的实践也需要改革创新，在全国树起鲜明的示范旗帜。

2019 年 3 月，在上海市河长制湖长制工作会议上，中共中央政治局委员、上海市市委书记李强作为总河长用“三个更大”为上海市水环境治理作出新部署，强调“切实抓住河长制这个治水‘牛鼻子’，以更大决心、更大突破、更大合力，持续用力种好‘责任田’、打好‘组合拳’、坚持‘一盘棋’，争取水环境治理取得更大成效，让人民群众有更多获得感、幸福感、安全感”。

上海市属于典型的河网地带，地势平，河网密布，流向不恒定。为落实水环境治理、完善河长制工作明确了具体目标，要求 2019 年全市的劣Ⅴ类水体比例控制在 12%以内，到 2020 年全面消除劣Ⅴ类水体；严格河湖水面控制，严禁擅自填堵河道；到 2020 年，上海市新增河湖面积不少于 21km^2，全市河湖水面率从目前的 9.77%增加到 10.1%，以河湖水面积率作为考核目标在全国也属于少有，是比较符合上海河湖水环境治理管护特点的目标。为完成既定目标，上海各个地区根据所处的水系位置以及街镇的区位、经济、产业优势，开展多样的创新实践。

同时，以河长制为重要抓手，上海市在水务和海洋管理工作方面，转变和统一思想，以水务为引领的管理部门探索多种模式，引入 E20 环境平台等外部智库，发挥上海市城市规划研究院等当地研究机构的作用，为落实上海市河长制工作出谋划策，明确思路。为肩负习近平总书记对上海市的战略定位和要求，上海市以勇于创新、敢立桥头的精神开创河长制实践新局面，明确河长制实践的新思路：以水务系统升级为引领，从规模化到精细化，从工程思维到服务思维转变，以创新示范为驱动，落实厂网一体化、智慧河道等前沿实践，构建河长制融合水务服务的品牌价值高地。

5.4.2 建设完善和创新河长制

根据直辖市的行政区域特点，上海市全面建立了市、区、街镇、村四级河长体系，截止到 2018 年年底上海市统计的 4.3 万条河道、41 个湖泊、6 个水库、5037 个其他河湖中，落实河湖长共计 7787 名。同时，上海市实行双总河长制，党政齐抓共管格局不断深化，由市委书记、市长担任双总河长，按照四级河长体系以双河长模板往下深化，各级双河长由党政主要负责同志担任。此外，建立河长“周报月评”等制度，健全完善河湖管理保护监督考核和责任追究制度。为提升各地区督查督办的工作效率，市政府

与各区政府签订了《河长制工作重点目标责任书》，强化考核问责，实行生态环境损害责任终身追究制，对造成生态环境损害的，严格按照有关规定追究责任。双河长制结合监督考核，让多个涉水部门的责任向“首长负责、部门共治”的责任体系转变，保证各个部门的责任与河长责任对应落实。

上海市从全面落实河长制开始，已基本消灭黑臭水体，全市水域面积只增不减，水质明显提升，这得益于在全市大力推行的“八个一”制度。这“八个一”制度围绕河长制全面落实覆盖、河道治理、统筹参与等方面落实具体工作，让河长制有章可循、落到实处，让治河管水不遗死角、不留盲区。

（1）建立“一河一档”。“档”是指河湖健康档案。全面掌握河湖名称、管理等级、起讫点位置、河道长度、河湖水质现状、河湖岸线现状和河湖设施量等情况，建立河湖数据库，查清河湖两岸违章搭建、工业点源、农业面源、畜禽养殖和生活污染源构成及分布等基本数据情况，根据实际情况进行动态调整。建立河长制工作台账，明确每项任务的办理时限、质量要求、考核指标，巡查结果等，确保各项工作有序推进、按时保质完成。河湖档案管理实行信息化和标准化。

（2）落实“一河一长”。“长”是指河湖河长设置。按照分级管理、属地负责的原则建立市、区、街镇三级河长体系，设立三级河长制办公室。从辖区管理角度，设立总河长、副总河长，主要负责辖区内河长制的组织领导、决策部署、考核监督，解决河长制推行过程中的重大问题；从具体河道管理的角度，设立一级河长、二级河长，探索设立居委河长、企业河长、居民河长、督查河长等民间河长，确保每条河湖有人管。各级河长要做到守河有责、守河担责、守河尽责。

（3）制定“一河一策”。“策”是指河湖治理保护对策。坚持问题导向，因地制宜、因河施策、系统治理，统筹保护与发展、上游与下游、水上与岸边，做好河湖管理保护补短、补缺、补弱的各项工作。对黑臭河道，加强环境治理与生态修复，尽快恢复河道生态；对城区河湖，突出预防和保护措施，强化水功能区管理，维护河湖生态功能，实现水清岸绿、环境优美；对郊区河湖，结合美丽乡村、村庄改造等工作，推进河道环境整治、河道疏浚、生活污水和生活垃圾处理。

（4）打造“一河一景”。“景”是指河湖岸边景观。围绕“河畅、水清、岸绿、景美”目标，进一步挖掘上海“因水而兴、通江贯海”的水文化，把河道打造成城市重要景观亮点。在河道整治中，坚持工程改造与生物净化技术相结合，治污与造景、防洪相结合，适当增加人文景观和亲水平台。在河道日常管理中，按照“一河一景”“一河一特色”的要求，通过景观造型、植物配置、雕塑小品、生活场景等措施，深入推进星级河道创建工作，不断塑造宜居的河道生态环境。

（5）竖立“一河一牌”。“牌”是指河长公示牌。在主要河道（湖泊）显著位置、主要公路边、桥边、人口居住密集或人流相对集中区的河岸边设置相应的河长公示牌，标明河道基本情况、河长姓名（职务）、监督电话、公示牌编号、河长职责、工作目标、微信公众号和公示单位等内容。通过新闻发布会、微信公众号、政务微博、门户网站

等形式公布河长名单和河长制办公室监督电话。此外，建立投诉举报制度，聘请新闻媒体、社会监督员、河道志愿者对河湖管理保护进行监督和评价。

（6）推动“一河一查”。“查”是指河湖巡查。建立“市管河长一月一查、区管河长一旬一查、镇村管河长一周一查”的河长巡查制度，把河长巡查工作与环境整治、违章拆除、入河排污口监管等工作结合起来。开展河湖常规巡查、定期巡查和特别巡查，设施养护要单位每天查，并积极利用遥感、GPS等技术手段，对重点河湖、水域岸线进行动态监控。统筹水利、环保、国土资源、交通运输等部门的行政执法职能，推进行政执法与刑事司法有效衔接，严厉打击涉河涉湖违法犯罪活动。

（7）实施“一河一测”。“测”是指河道水质监测。按照河湖水质监测常态化的要求，加强河湖水体的水质监测工作。对治理类的点位以水质为核心，保护类的点位以水质保证不恶化为标准，水务、环保部门进一步整合力量，统一标准，定期对河湖进行水质监测和底泥监测。在全市范围内建设一批水质监测站，水质监测数据纳入信息化管理平台，实现监测结果数据共享。同时，科学设定预警值，发现水质持续变差情况及时提出预警。

（8）开展“一河一评”。“评”是指对河长测评。建立绩效考核体系，建立各级总河长牵头、河长制办公室具体组织、相关部门共同参与、第三方监测评估的考核体系，逐步形成以制度为保障、以考核为促动的监督管理模式。将消除黑臭河道、水质指标提升、星级河道创建、媒体曝光等硬性指标纳入考核体系。将考核结果与最严格水资源管理制度考核有机结合起来，与领导干部自然资源资产离任审计有机结合起来，把考核结果作为地方党政领导干部综合考核评价的重要依据，倒逼责任落实。

上海市不仅在制度上规范落实了河长制的具体工作，更在区域示范中拓展了河长制的标准化建设。截至2019年年底，首批启动的79个街镇已经基本完成河长制标准化街镇建设工作。上海市河长制标准化街镇建设标准包括：消除劣Ⅴ类水达标率达到100%；河湖水面率达标率达到100%；市民对河道水环境满意率达到90%以上等。在郊区街镇，河长制标准化城镇要求规划保留村庄的农村生活污水处理率达到100%；河湖水系生态防护比例达到68%以上，中小河道轮疏率达到100%等。在中心城区街镇，河道管养装备标准化覆盖率要达到100%。在工作标准上，河长制标准化街镇要求：要完成河湖水系生态防护比例达标改造任务，河道整治工程年度计划和断头河三年行动计划全面完成，雨污混接改造任务全面完成，污水收集管网及截污纳管任务全面完成，入河排污口实现监测及规范整治，农村生活污水处理任务提前完成等。此外，上海市河长制标准化街镇还要保证河湖本底数据使用规范，河长制工作信息平台运行平稳有效等。

5.4.3 统筹水环境治理

上海市的治水工作除了集中在河道治理之外，还包括泵站放江、海水倒灌、雨污分流以及防洪防涝等有关治理工作，治水工作难度大、易反复，为保障治水成效，上海市水务局组织开展多项重大工程，如综合整治雨污混接，厂网一体化试点建设推进，全面摸排掌握小微水体及管网泵站情况等。水务局在治水上坚持问题导向、因地制宜，

立足不同地区不同河湖实际，统筹上下游、左右岸，实行“一河一策”“一湖一策”，解决好河湖管理保护的突出问题。近几年，上海市中小河道全面消除黑臭，劣Ⅴ类水体比例从 38.7%下降至 18%，河湖水面率从 9.79%提升至 9.92%。

早在 2015 年，上海市在全国率先开展分流制地区的雨污混接调查专项工作，共查出混接点 20290 个。在解决居民小区混接改造问题时，面临水量大、难度大、资金投入大等问题，不是水务局一个部门能完全解决，因此发挥河长制的区域协调机制，联合相关部门多方并举，并推动出台住宅小区雨污混接补贴政策等，解决资金问题。截至 2018 年年底，上海仅剩 7000 多个混接点还未改造，2019 年完成 1245 个住宅小区的雨污混接改造，使全市住宅小区雨污混接点的改造率超过 60%。

同时，为打赢碧水保卫战，上海市各区开展多种方式，统筹推进河道治理。如各级河长牵头组织对侵占河道、围垦湖泊、超标排污、非法采砂、破坏航道、电毒炸鱼等突出问题进行清理整治，协调解决重大问题。对跨行政区域的河湖，要明晰管理责任，协调上下游、左右岸实行联防联控。据统计，2018 年上海共完成 408km 河道整治、18 万户农村生活污水处理设施改造、698 个住宅小区雨污混接改造以及 1.2 万余处其他雨污混接点改造，打通 550 条断头河，拆除 1413 万 m^2 沿河违建，退养 376 家不规范畜禽养殖场。经复核，3158 条段河道消除黑臭，1.02 万条段河道消除劣Ⅴ类，超额完成年度计划。列入国家考核的 67 条建成区黑臭河道整治成果顺利通过中华人民共和国住房和城乡建设部、中华人民共和国生态环境部验收。

5.4.4 充分建立智慧化支撑体系

在智慧化应用支撑河长制的巡河、治理等方面，上海市各地区充分利用科技优势，打造“海陆空”全方位监控体系，充分应对满足高效巡河、污染源排查、智能监测等需求。

以上海市重固镇的无人机智慧巡河为例，重固镇域范围内共有河道117条，其中市级河道1条，区级河道1条，镇级河道8条，村级河道107条，总长122km，小微水体152个，水域面积2.27km^2。目前，重固镇共有镇村级河长23名，平均每名河长的河道“责任田”超过5km，按照1km/d的巡河任务，所有河长的时间将被巡河全部占用。为此，重固镇探索利用无人机巡河，来弥补河长人工巡河的不足。无人机不仅大幅提高巡河效率，规避可能发生的风险，还可实现巡河全覆盖，对“四乱”等涉河问题信息进行收集，影像化、数据化地对问题进行解析，信息传输到手机等终端设备，以方便职能部门在解决问题时追根溯源。除此以外，无人机体积小、速度快、隐蔽强，在相关部门对违法捕鱼、岸线侵占等行为进行执法打击时，可提供有效、实时的现场侦查和取证，提升涉河执法部门的执法能力。

上海市张江镇利用科技产业的基础优势，打造“无人机巡航＋定点水质监测”的方式，积累基础数据为提高效率、精准监管、精准实施提供决策支持。首先，利用河长APP＋GPS定位系统，对人工巡河进行监控，达到100％巡河率。其次，利用无人机、无人船巡河工具，实现全流域巡河的100％覆盖。然后，利用水质定点在线监测设备，

掌握河道水质实施动态监测数据，做好应急与日常监管。其中，河道的日常清污打捞以及水质监测等采用政府采购第三方服务的方式，保障了治理效果和监管的准确性。同时，计划利用红外热感系统等技术对水体实施监控，可有效监控排污口、排污量等数据。

5.4.5 拓展社会参与渠道和方式

上海市为拓展公众参与的渠道，营造全社会共同关心和保护河湖的良好氛围，开展丰富的探索和机制设计，建立河湖管理保护信息发布平台，通过主要媒体向社会公告河长名单，在河湖岸边显著位置竖立河长公示牌，建立问题曝光电视台和河长制办公室举报电话，主动接受社会监督，各地区开展“民间河长”“企业河长”“百姓河长”“助理河长”“护河志愿者”等机制探索，民间河长采用竞争上岗和末位淘汰机制，丰富了群众参与的方式。

在上海市的一万多名河长中，有3000多名是“民间河长”。治水没有局外人，全社会开门治水、广泛参与的治水理念在上海市已成为共识。上海市还将持续推动河湖长制建设，深化完善企业河长、部队河长、校园河长、名人河长等“民间河长”队伍建设，落实相关重点管理单元和重点企业自管河道水环境治理责任。

同时，利用“世界水日”“中国水周”等宣传教育日活动，开展主题宣传活动，旨在进一步动员更多市民关心水环境、参与水保护，推动建立“条块结合、多方联动、全面参与、共治共享”的河道管理格。设立“上海市最美民间河长志愿组织”等荣誉称号，每年组织民间河长统一着装，开展集体巡河，组织参观污水处理厂、典型治水项目等，增强民间河长的责任感、荣誉感、仪式感，以精神鼓励和带动引导为主，发挥民间河长巡查员、示范员、宣传员的作用。

5.5　河长制在横向流域管理中的实践——重庆市

重庆市位于中国西南部、长江上游地区，作为中西部唯一的直辖市，也是长江上游地区的经济、金融中心。重庆市的主要河流有长江、嘉陵江、乌江、涪江、綦江、大宁河、阿蓬江、酉水河等。长江干流自西向东横贯重庆市全境，境内流程长达691km，横穿巫山三个背斜，形成著名的瞿塘峡、巫峡和湖北的西陵峡，也就是举世闻名的长江三峡。三峡库区是我国最大的淡水资源战略储备库，维系着全国35%的淡水资源涵养和长江中下游3亿人饮水安全。

同时，2016年初，习近平总书记在推动长江经济带发展座谈会上强调“当前和今后相当长一个时期，要把修复长江生态环境摆在压倒性位置，共抓大保护，不搞大开发。”随后不久《长江经济带发展规划纲要》发布，长江生态保护上升到国家战略高度。

所以地处长江上游和三峡库区腹心地带的重要城市，重庆市在长江流域乃至国家生态安全战略格局中肩负重大使命，任重而道远。因此，重庆市需要心怀大局，不断强化“上游意识”、担起“上游责任”、体现“上游水平”，全面落实河长制工作将是重庆市落实长江大保护战略的重要抓手。

5.5.1　总河长发令，统一目标

为深化落实河长制，切实担起长江大保护的重任，重庆市不仅在河长制的制度建立与机制创新方面做文章，更下大力气开展污染治理与生态保护工作，创新应有流域生态补偿机制，进一步压实各级河长责任。同时，为发挥河长制的统筹作用，重庆市开创性地利用总河长行使行政权力，以总河长身份签发第 1 号总河长令，明确下达阶段性工作任务和奋斗目标。

为进一步巩固治水成效，强化落实河长制现阶段工作重心，重庆市市委书记陈敏尔、市长唐良智双总河长于 2019 年 4 月签发重庆市第 1 号总河长令《关于在全市开展污水偷排、直排、乱排专项整治行动的决定》（简称“总河长令”），部署要求以全面排查、集中整治、巩固提升三步走，在全市范围内开展污水偷排、直排、乱排专项整治行动，杜绝污水偷排、直排、乱排行为。总河长令是在统一目标的基础上，进一步强化监管整治力度，压实河长机制作用和河长责任担当，以打赢水污染防治攻坚战为阶段性目标任务，为加快建设山清水秀的重庆提供有力支撑，为保护长江的水生态、水环境、水安全筑起一道屏障。

以总河长令的形式发布统一指令，让全市河长体系清晰每个阶段的总体目标，为完善河长制阶段性任务确定大的方向，这很好的发挥总河长统筹作用，落实总河长的权力和责任，各级河长也就明确方向和目标。

5.5.2　强化制度建设和监督考核

在河长制建立方面，为强化对河长制工作的重视，发挥

党政同责、领导带头的作用，重庆市创新建立了市、县（区）、镇（街道）三级党政“一把手”同时担任“双总河长”的制度，齐抓共管河湖生态安全，调动各级河长巡河、管河、治河、护河的积极性。同时，重庆市建立完成市、县（区）、街镇、村社区四级的河长体系，截止到2018年年底重庆市分级分段设置市级河长20名、县（区）级河长705名、乡镇级河长6169名、村社区河长10657名，各级河长日均巡河1600余人次，实现全市5300余条河流、3000余座水库“一河一长”全覆盖。同时，全市制定出台《重庆市河长制工作规定》等8项规章制度，落实部门联动协调机制，建立健全水利、环保、国土、规划、城乡建设、乡镇街道联合执法机制，明晰河库综合管理的执法体制和综合监管体系。

重庆市建立完善河长制体系之后，机制作用逐渐显现。

（1）各有关部门的职责和分工进一步得到强化，推动工作落实到位。如水利部门全面开展水功能区监测、河道管理范围划界和水库划界确权工作，环保部门启动长江经济带化工企业污染整治专项行动，城乡建设部门持续推动主城区“两江四岸”整治和城市黑臭水体排查整治等工作。

（2）部门之间的协同联动更为顺畅，联合开展工作成为常态。如发改委、交通等部门联合开展港口建设管理规范化工作；水利、公安、交通、海事等部门联合开展打击非法采砂专项整治行动；城管、环保等部门联合部署水域清漂保洁工作；共青团、环保、水利等10余个部门和单位开展保护母亲河志愿服务行动等。

（3）联合执法与监管力度大幅提升，执法管理效果明显。如在打击河道污染、非法采砂、非法捕捞等涉水犯罪刑事案件方面，2017年全市立案破坏环境资源保护类刑事

案件 978 件，起诉 958 人，形成了有效震慑。

随着河长制持续深化落实，逐渐形成一种部门联动、统筹协调、齐抓共管、全民参与的良好局面。

同时，重庆市以强化考核来压实责任体系，细化和落实逐级考核责任机制，督促属地责任到边到位。首先，全市建立河长制考核体系，发挥考核“指挥棒”作用，把全面推行河长制工作纳入区县经济社会发展实绩考核，强力推进各级政府落实河长制考核任务，市、县（区）、乡镇（街道）、村（社区）四级均明确了辖区河库管护第一责任人，严格追究推行河长制履职不力的相关责任。其次，全面加强相关督查审计，出台《重庆市河长制执行情况审计工作方案》（以下简称《方案》），对工作责任落实、制度机制建立、资金管理使用等 8 个方面开展专项审计，要求全年对全市区县开展两轮河长制督导检查工作。

《方案》明确实行生态环境损害责任终身追究制，对造成生态环境损害的，将严格按照有关规定追究责任。比如，市级对流域面积 50km^2 及以上的 510 条河流落实河长制情况进行考核，将河长制工作纳入区县党政经济社会发展实绩考核、市级党政机关目标管理绩效考核。根据不同河库存在的主要问题，实行差异化绩效考核，结果纳入领导干部自然资源资产离任审计。县（区）及以上河长负责组织对下一级河长进行考核，考核结果作为党政领导干部综合考核评价的重要依据等。

5.5.3　统筹水环境治理和水资源调配

重庆市以建立跨省市、县（区）河流联动机制为契机，全市开展大普查，对辖区河流展开全面“体检”，完成全市

5300余条河流、3000余座河库名录编制，完成2876条（段）河流建档和791条（段）河流“一河一策”编制工作。

在掌握基本情况的前提下，选择重点围绕水环境改善和生态修复进行系统治理，以河流污染防治和黑臭水体整治为主，开展一系列治水工作。如开展城市污水处理厂提标改造和新改扩建，新建一～三级污水管网409km；系统规范江面垃圾打捞、垃圾清理、垃圾处理等环节；对全市入河排污口进行摸排和监督整改；强化完善水保监测、水文监测等监测网络体系，摸清全市水土流失现状；强化生产建设项目水土流失全程监管，防止人为原因造成的新增水土流失；开展专项综合整治行动，重拳打击非法采砂等违法行为；对三峡库区、坡耕地集中区域、饮用水源地、河流两岸和水库周边等生态敏感区域开展水土流失综合治理等。

重庆市，又称“山城”，山高坡陡是一大特点，工程性缺水成为水利工程的最大“短板”，由于水资源分布极不平衡，渝西地区水资源短缺，渝东南、渝东北因为大江大河过境，水资源则相对丰富。为解决水资源空间分布矛盾问题，平衡区域水资源调配，重庆市开展了系统而庞大的水利工程建设规划，加快兴建重点水利工程，推进水资源配置工程建设，以改善区域生态补水。2018年开始实施重庆市水源工程建设三年行动计划，加快推进藻渡、观景口、金佛山等124座水库建设工作，其中包括7座大型水库、67座中型水库以及50座小型水库，建成后将新增供水能力20亿m^3。通过加强骨干水源工程建设，以工程调蓄扩充区域水资源、水生态规模，以工程性措施强化河库生态环境的修复作用。水源工

程建设不但能为当地经济社会发展提供水源保障，也能减少流入长江干流的泥沙总量，明显改善当地水生态环境质量。

5.5.4　流域生态补偿与区域联动机制融合

由于长江这种大河流域有上下游之分，而流域的行政区域划分往往限制了全流域统筹问题，上游来水如果有污染，下游花大力气治理，也是事倍功半。为解决此类跨流域水环境污染问题，创新应用河长制的内涵和外延，重庆市探索建立流域横向生态保护补偿机制。

（1）流域横向生态保护补偿机制落地实施。2018 年 5 月，重庆市发布《建立流域横向生态保护补偿机制实施方案》（简称《方案》），提出以各流域区县间交界断面的水质为依据，达标并较上年度提升的，下游补偿上游；反之则上游补偿下游。为鼓励并推动《方案》尽早落实，重庆市出台了“三奖”政策：①奖早建，对 2018 年 10 月底前建立补偿机制、签订 3 年以上补偿协议的，一次性奖 300 万元；②奖协作，对建立流域保护治理联席会议制度、形成协作会商、联防共治机制的，一次性奖 200 万元；③奖成效，对上下游区县有效协同治理、水环境质量持续改善的，在安排转移支付时给予倾斜。同时，为处罚《方案》落实的地区，对 2018 年年底还没签订补偿协议（协议有效期须 3 年以上）、未建立流域横向生态补偿机制的区县，从 2019 年起重庆市每年向流域的上游区县收取 1200 万元水质考核基金直至签订协议，对补偿断面水质未达到水环境功能类别要求或者虽然达到要求但水质下降的，按补偿标准每月计算考核基金扣减额度。重庆市通过强力推行流域横向生态保护补偿，进一步细化落实流域上下游责任，同时搭建上下游联动、合作共治的政策平台，结合河长制跨区域协调机制，进一步压实各级政府责任，落实治水成效。

（2）重庆市流域上下游统筹协作，实现各区县跨界联动治理。以重庆市龙溪河为例，作为长江的一级支流，龙溪河流经梁平、垫江、长寿三个区县，河长 221km，流域面积 3213km^2，近年来该河段污染严重。市政府强化流域生态补偿机制，发挥河长制统筹协调作用，统筹市级各部门协同推进龙溪河流域污染治理，对龙溪河流域生态空间布局、产业发展布局、生态修复治理及防洪工程项目进行统筹谋划：一方面印发《重庆市龙溪河流域水体达标方案（2015—2017 年）》，划定了龙溪河流域水功能区，明确了各个水功能区水质管理目标，并确定了水域纳污能力及限排总量；另一方面编制《龙溪河流域生态修复与治理（试点）实施方案（2017—2025 年）》，并成功争取将龙溪河流域纳入国家首批 16 个流域水环境综合治理与可持续发展试点，梁平、垫江、长寿三个区县也建立跨境联动机制，全面开展联合执法、风险排查、应急处置，使龙溪河水质持续改善。重庆市统筹规划、精准治理龙溪河的经验做法，也被纳入国务院第五次大督查发现的典型经验案例，给予全国通报表扬。

（3）探索推进跨省市流域生态补偿机制的应用。重庆市积极推动与四川、湖北等相邻省市的机制协作，打破行政区域界限，上下游区县、市州等通过跨界联动、共治共管、统筹协作，在更大流域内发挥河长制的跨区域协同作用。2018 年 6 月，四川省和重庆市签订《重庆市河长制办公室公室、四川省河长制办公室跨省界河流联防联控合作协议》，双方约定建立联络员制度、信息共享制度等 7 个方

面机制，打破管理现状困境，共抓跨省界河流联防联控工作；2018年9月，重庆市黔江区与湖北省利川市签订郁江联防联控框架协议，实现郁江流域携手共治；2018年11月，重庆市铜梁区、潼南区与四川省遂宁市、资阳市四地的河长制办公室共同签署了《河长制领域战略合作框架协议》，双方约定通过合作力争在2020年年底前实现琼江水质总体保持在Ⅲ类。

5.5.5　数据体系搭建智慧管水平台

重庆市以建立跨省市、区县的河流联动机制为契机，初步摸排清楚全市河湖水库等基本信息，为实现河长制管理更加高效、决策更加精准，重庆市全力打造全市河库管理保护监测网络体系和信息化平台，将现有的水利、环保、农业、航道、林业、水警等部门信息并网实现共享，并以全市电子地图为基础，采用虚拟技术和计算机技术，全面提升河库管理保护信息化水平，为实现“智慧管水”打造大数据基础。

在大数据应用方面进一步建立和完善河流、湖库基础台账，河流、湖库管理范围划定，污染治理联动等信息。重庆市水利局在整合水利、环保等部门现有站点资源的基础上，设置完成市级考核水质监测断面634个，同时依托“1个总站+4个分站+15个水保监测点+12个水文监测共建点”监测网络体系，初步摸清全市水土流失现状，为定期综合执法和河库动态监管、长效保持河长制工作成效等提供大数据支撑。

未来重庆将着手打造智慧河长系统，通过建立一个大数据中心，采用自动化、智能化的现代监测技术、通信技术、软件集成技术等手段，建设贯通市、县、乡三级的针对“水脏”（农业、工业生产污染和城镇生活污水）和“水浑”（水土流失治理和水生态功能修复）的两大监测监管系统，满足河长制管理决策智能化，实现河长制管理常态化、精细化。

5.5.6　引导公众参与，凝聚社会力量

重庆市是著名的“水城”，全市水系发达、河流众多，要管好这些“毛细血管”，必须引导全民参与河长制，让人人参与保护水环境成为一种社会共识。因此，在市、区县、街镇、村社区四级河长体系以外，重庆市还活跃着一大批民间河长。

让民间力量参与到河长制当中，必须建立全民参与的渠道，完善民水互动的机制，形成全社会治水管水的向心力。为此，重庆市开展了卓有成效的尝试。首先，加大社会宣传引导力度，拓展宣传渠道，例如新华社、中央电视台等主流媒体开展关于重庆市河长制工作的报道就达到500余篇（次），同时开展召开全面推行河长制工作新闻发布会、设置监督举报电话、表彰杰出贡献民间河长等做法，提升群众河流保护积极性，营造社会共管共治的氛围。其次，提升河长与群众互动的机会，了解基层群众的需求，把群众需求作为工作目标和行动指南，通过监督电话、微信公众号和河长制管理信息系统APP等，了解迫切需要解决的河库问题，以解决实际问题说话，让群众体会到齐抓共管的好处。再就是规范组织建设，探索让更多民间河长发挥作用的渠道，如建立河库保护村规民约，组建“百姓河长”志愿服务队伍，引入企业家、知名人士等“民间河

长”参与河库管护等做法。

重庆市民间河长的力量得以充分调动和应用，有效补充了行政河长的工作落实，填补了一些河长力所不及的空白领域。以江津区石蟆镇的民间河长为例，石蟆镇是长江流经重庆市的第一镇，当地成立了一支由镇、村两级河长及民间河长196人组成的护河队伍，共同守护石蟆镇一江碧水、两岸青山。当地过去的非法采砂、电鱼等现象非常猖獗，现在以民间河长为主的护河队伍天天巡河，遇到不法行为及时制止，在当地形成一种护河共识，过去的违法行为得到有效遏制。

5.6　河长制在水环境综合治理工作中的实践——江苏省苏州市

苏州市地处江苏省东南部，是长江三角洲重要的中心城市之一，东临上海、南接嘉兴、西抱太湖、北依长江，水资源丰富，境内所有湖泊353个、河流超过2万条，水域面积超3200km^2，水面率36.9%，素有“东方水城”之称。同时，苏州市也是国家历史文化名城，苏州园林是中国园林文化的典型代表之一，充沛的水资源和良好的水环境为园林文化奠定发展基础。古时有云“绿浪东西南北水，红栏三百九十桥”“君到姑苏见，人家尽枕河”，可以说水是苏州的灵魂，更是苏州文化的载体。

苏州市在改革开放以来经济持续快速发展，产业富集、人口聚集。多年以“GDP论英雄”的快速发展模式下，苏州市的开发与保护失衡的矛盾开始显现，特别是城镇化率达到75%，土地开发利用强度接近30%的国际警戒线，人口的聚集和土地资源的开发进一步加剧了水环境的恶化，围垦湖泊、侵占河湖、超标排污等现象突出，从而导致河道脏乱、水体黑臭、生态退化等环境问题越来越突出。早在2005年全市地表水水功能区水质达标率就仅为6.2%，到2014年全市废污水排放量达峰值14亿t，苏州的水环境污染问题达到前所未有的高度，成为制约区域发展的第一矛盾，需要探索一条水环境治理的有效路径。

按照中央决策部署，2017年4月苏州市委市政府制定出台《关于全面深化河长制改革的实施方案》，全面推行河长制落实工作，以满足人民群众对美好生态环境的期望为出发点，探索建立以地方党政领导负责制为核心的责任体系，坚持问题导向，实施统筹治理。河长制的落实为苏州市治理水环境提供有效抓手，为改善水环境污染状况，实现河岸共治，系统推进山水林田湖草治理，提供政策和机制保障。

5.6.1 压实河长责任

（1）明确了河长制的初心。落实河长制的各项工作以满足人民群众对美好生态环境的向往为前提，把解决水环境突出问题摆在优先位置。保护和改善河道水生态环境，是政治任务，也是民生诉求，让老百姓用上清洁干净的水，享有河畅、水清、岸绿、景美的生产生活环境，为群众提供更多的优美生态环境产品，是关注民生、保障民生、改善民生的重要体现。所以落实河长制的初心也是服务于生态文明建设的初心，而治理突出水环境问题是现阶段增强人民群众获得感、幸福感、安全感最有效的路径之一。苏州市委市政府以河长制作为治水“牛鼻子”，把推进生态美

丽河湖建设作为一项政治任务来抓，通过制定出台《苏州市高质量推进城乡生活污水治理三年行动计划的实施意见》《关于全面加强生态环境保护坚决打好污染防治攻坚战的工作意见》等文件，以问题为导向，集中部署，攻坚突破，落实水环境治理的具体工作。

（2）进一步压实河长责任机制。全面推行河长制，实现河畅景美、水清岸绿，是生态文明思想的生动实践。切实推动河长制落地生根的关键是落实河长的岗位职责，而驱动落实的途径是以党政同责压实总河长和分段河长的责任担当。坚持党政同责，落实党政一把手负责同志的重视意识，形成一把手抓、抓一把手的压力传导机制，把中央生态文明建设和河湖治理各项要求落到实处，才能平衡开发与保护、促进产业结构转型升级，从根子上解决河湖生态环境治理问题。

责任压力的层层传导机制，需要总河长与各级河长自上而下的统一目标，因此江苏省设立和发布了总河长令机制。2019 年 5 月，江苏省委书记、省总河长娄勤俭在全省河湖长制工作暨“两违”专项整治推进会议上发布 2019 年第 1 号省总河长令。总河长令要求全省组织开展碧水保卫战、河湖保护战，提出两大战役的具体目标和“四个强化”的实施措施。全省的总河长发布河长令，将河长的责任和压力传导于各市总河长，同时各市也明确统一了阶段性目标和方向。苏州市坚持一把手抓、抓一把手，第一总河长亲自抓、带头干，把推动落实河长制作为政治责任，既挂帅又出征。在第一总河长的带动和表率作用下，责任层层压实传导下去，将河长制落实任务与中央环保督查发现的问题结合起来，以解决实际问题为前提，逐级推动落实，提升河长在巡河、治河、护河上的责任意识和主动作为。

各级党委政府主要领导身兼河长一职，履行河长职责，抓部署、抓落实、抓督办，把河长的职责和各项工作举措落到实处。

5.6.2 创新制度建设

苏州市在压实各级河长责任的基础上，根据摸排河道情况进行分河、分湖、分段设立党政河长、湖长，开创“河道主官”“联合河长制”等机制，丰富河长制责任体系和权力体系，建立健全河长机制、发挥机制效应，形成齐抓共管的良好局面。

（1）完善河长制建设。苏州市设立“双总河长”机制，以市、县（区）、镇（街道）党委和政府主要负责同志分别担任第一总河长和总河长，建立市、县、镇、村四级河长体系，竖立河长公示牌，接受社会公众监督。截至2019年4月底，全市共设立各级河长湖长5106人，每条河流、每个湖泊都有了落实责任的管家。

（2）创新发挥河长机制作用。各段的河道有了河长，明确了责任，摆在各级河长面前的难题就是如何协调统筹各方力量，形成治水合力，尽快解决河道水环境的突出问题。苏州市在全面推行河长制工作实践中，创新工作机制，探索出“河道主官”和“联合河长制”的创新实践举措。

第一是设置“河道主官”职位，建立河长牵头、“河道主官”办理的工作机制。各级党政河长作为各级党委政府的领导，工作面广、任务繁多，且跨行政级别的各级河长沟通存在层层请示转达、沟通环节多、等待时间长等问题，影响各级河长协调统筹的工作效率。针对这些问题，苏州市设置了市级“河道主官”一职，由市委市政府副秘书长来担任，

协助配合市级河长开展工作，与河长一起巡河、一起发现问题、一起研究对策、一起督导检查，同时承担部门之间、区县之间的沟通协调工作，形成河长牵头、“河道主官”为“纽带”的“交办、督办、会办、查办”工作机制，有效解决了市河长制办公室和市级河长之间的联系“断层”问题，让河长与河长制办公室之间的工作沟通与落实更为顺畅。为此，“苏州河长配备河道主官”的做法获评为中国水利“2017 基层治水十大经验”。

第二是建立跨省市河湖联防联治的“联合河长制”。苏州市处于河网区，跨省市河湖众多。为实现上下游、左右岸之间的同治共管，解决跨省界沟通难的问题，苏州市吴江区和嘉兴市秀洲区最早做出尝试，两区在充分沟通协商的基础上，探索建立起“联合河长制”，推动跨省界河道的联防联治工作。吴江区河长制办公室和秀洲区河长制办公室联合发文，互聘 58 名联合河长，设置联合河长公示牌，建立形成五项联合工作机制：①水环境联防联治机制。建立联席工作小组，明确联络员，定期召开联席会议，开展联合巡查及河湖保洁，共同查处边界区域水事违法行为；②水质联合监测机制。对河道跨界水质监测点进行整合，每月开展一次水质联合监测；建立基础信息通报月报制度，对涉及跨流域（区域）的重大水环境安全信息，做到第一时间通报，信息共享；③联合执法会商机制。每季度至少开展一次联合执法巡查，对巡查结果、通报事项逐一研究，明确解决措施，分头落实整改，办理结果及时反馈对方；④河湖联合保洁机制。共同制定河湖保洁制度，统一保洁装备、保洁标准，联合打捞垃圾、水草和漂浮物；⑤河湖联合治理机制。在跨界河道治理规划编制过程中，打破行政区域壁垒，更多从河湖自然属性角度进行规划，实现上下游、左右岸治理措施协调同步。

在吴江区与秀洲区联合河长制示范效应下，苏州市主动与上海青浦和浙江省的嘉兴、湖州等地对接协调，建立“联合河长制”，以保护水资源、防治水污染、治理水环境、修复水生态为主要任务，开展联防联治，形成跨省跨流域的多方联合河长制。这种联合河长制的机制创新进一步打破跨省的行政区域壁垒，实现河长制落实更全面、覆盖无遗漏，各级河长的工作联动也更有成效。以河长巡河为例，2019 年 1 月青浦、吴江、嘉善三地镇级河长开展联合巡河，拉开了本年度三地水环境联防联控的帷幕。江浙沪各级河长的联合行动落实到更基层，在跨流域的治理成效也更为显著，这一做法也为实现跨省河道联合治理全覆盖提供可推广、可复制的优秀经验。

5.6.3　规范工作流程

各地落实河长制工作中都面临着工作量大、专业性强、缺乏可操作的流程等问题，为此，苏州市制定了“认河、巡河、治河、护河”四步走的各级河长履职标准化流程，细化工作要求，确保各级河长从认识河湖、发现问题到制定措施、开展常态化管护有章可循、有据可依。

各级基层河长结合实际情况将河长履职标准流程层次细化，落实到一线工作中。以昆山市为例，依据苏州市河长履职标准化流程，昆山细化形成基层河长履职“六步法”：一看水，查看水体颜色以及水生动植物生长是否正常，水体是否有异味；二查牌，查看河长公示牌有无缺失、信息是否准确完整等；三巡河，对河道、河岸、河面开展

三位一体巡查；四访民，基层河长主动亮明身份，向群众了解实际情况；五落实，对巡河过程中发现的问题及时督促整改落实；六回头，对整改是否到位、问题是否反弹、后续管理是否跟上等进行“回头看”。

同时，为进一步细化落实基层治理管护工作，确保事事有着落、件件有回应，苏州市针对当前迫切需要解决的治理问题，围绕近期（2017—2020 年）治理目标，组织编制了“一河一策”行动计划。根据区域不同河段的划分，制定市、县级领导担任河长的各段“一河一策”行动计划，每一个行动方案都列出问题清单、任务清单、责任清单和工作清单，明确对应的各级河长下放任务，这为苏州的精细化河道治理打下了良好基础。

以望虞河为例，《望虞河“一河一策”行动计划》执行后，市级层面 17 条问题清单，9 条任务清单，39 条责任清单，与之相对应的是流经县、镇、村三级相关支流的问题清单，这三份清单最终都会落实到“一事一办”工作清单上。做到每一个问题都有解决目标、任务和具体措施；每项任务又分解细化成多个工作单项，按单项明确责任单位、协助单位、完成时限等，经望虞河市级河长以“一事一办”工作清单形式签发，下一级河长和责任单位签字接单，单项任务全部落实到下级河长和有关责任单位。工作清单实行“一单一销”管理。有关河长和责任单位在规定时间完成任务并提交报告，经望虞河市级河长确认，解决了就“销号”，不解决就一直“挂账”，让各级河长们感受到压力和责任。

5.6.4　层层落实工作

首先是统一治水的思路。河道的水环境、水生态问题是常年积累的复杂问题，苏州在开展治水工作上明确“山水林田湖草是一个生命共同体”的系统论，治水需要协同山、林、田、湖、草的治理，必须坚持水岸同治、区域共治。坚持水岸同治就是统筹好陆上水上、地表地下，统筹好水资源保护与水环境治理，统筹好河湖生态空间管控与水污染防治；区域共治就是要统筹上下游、左右岸、干支流的治理。

其次，就是落实各项治理工作。苏州市推行河长制以来，以各级河长齐抓共管为契机，以治水为核心，按照水岸同治、区域共治原则，开展治水三件事。

（1）第一件事就是清理河湖“四乱”。2017年由苏州市第一总河长牵头，结合中央环保督查组清查的重点问题，专门在全市组织开展河湖违法圈圩和违法建设专项整治，已恢复违法圈圩水域面积800亩。其中，中央环保督察组指出，江苏省东太湖养殖存在大量投喂冰鱼和颗粒饲料的问题，要求限期完成清拆。为做好东太湖围网养殖清理，吴江区、吴中区各级河长湖长牵头，区、镇、村三级联动，集中攻坚，重点突破，开展东太湖4.5万亩围网养殖面积清理工作，拆除取缔水源地范围内334块围网和看护棚。

（2）第二件事就是重点开展水污染治理和水生态修复，保持河水清澈透亮。苏州市依托河长制，把中央关于河湖治理、黑臭水体治理、“散乱污”企业整治等要求落到实处，坚持水岸同治、区域共治，全市一盘棋、全域一把尺，实现标本兼治，系统治理418条通江达湖支流，重点治理主岸线1km、支流两岸500m区域的水污染问题，实现2591家企业污水和5.6万户农村生活污水集中处理，关停92家养殖场，治理302个码头船舶污染，提标改造36座污

水处理厂，整治 884 处“三违三乱”。

（3）第三件事就是加快污染产业治理，推动产业结构转型，开拓绿色发展新路径。以全面推行河长制、驱动绿色发展为良好契机，从根本上破解治污难题，苏州市加快淘汰落后产能，坚决关停取缔“散乱污”企业，加快推进产业能耗结构优化工程、制造业绿色化改造工程、工业领域能效提升工程、资源循环综合推进工程、绿色制造技术推广工程和绿色低碳示范引领工程等工作，倒逼产业转型升级，推动苏州市高质量发展。虽然一批企业被停业、被整顿甚至被淘汰，但全市 2018 年 GDP 仍达到 1.86 万亿元，比 2017 年增长 18.5%，服务业产值占地区生产总值比重超过 50%，初步实现河湖治理、产业转型、经济增长、结构优化的多赢目标。

5.6.5　强化考核监督

考核监督是驱动各级河长落实工作的主要手段，为促进基层河长履职尽责，苏州市把生态环境质量的改善作为区县、街镇党委政府的责任红线，将河长制纳入市委市政府组织的重点专项工作或急难险重任务，对落实情况进行专项考核，考核结果与“官帽子”“钱袋子”挂钩，倒逼各级河长切实担负起河长职责，推动落实治理管护任务。2018 年，苏州市各级河长累计巡河超 20 万人次，主持召开工作部署会、督办会、座谈会 3 万多次，组织完成水环境治理、水生态修复、水域岸线保护、长效管理等各级“一事一办”工作任务清单 1.3 万份。

同时，为保障考核监督的公平有效，推行河长制改革工作的考核办法，苏州市印发《苏州市河长制工作第三方评估方案（试行）》，引入第三方机构对河长制落实情况进行评估，结合苏州市河长履职标准化流程的执行情况，以及“一河一策”执行问题清单、任务清单、责任清单和工作清单的情况，确定评估对象、评估内容和评估周期，全面评估河长制落实的进展和取得成效，评估结果及时反馈给，并为落实奖惩措施提供依据。

5.6.6 统筹社会公众的参与

在引导和鼓励社会公众参与方面，为调动人民群众参与积极性，形成全社会共管共享的局面，苏州市探索开展一系列自选动作，如建立苏州水务微信公众号、河长制APP、一张图解读苏州河长制改革宣传折页、河长制“微电影”“民间河长”队伍建设等，把群众队伍、志愿者组织、社会团体、民间河长等打造成一支重要的管水护水力量，形成苏州特色、苏州经验。2018年全市共聘请社会监督员、民间河长1.6万名，广泛吸纳社会力量加入“河湖治理群”，群策群力保护河湖。

以苏州市吴江区为例，为鼓励引导公众参与河长制，形成“河长履职、委员互补、代表监督、民众参与”的河湖管理保护局面，吴江区从五个方面推进社会公众参与：①聘请人大代表、政协委员、党代表各20名，作为河湖督查官，充分发挥“两代表一委员”重要作用，全方位监督河长湖长履职、部门尽责；②招募12支志愿者团队，定期或不定期巡查河湖，及时发现问题，并通过河长制APP平台反馈；③聘请47名热心群众作为社会监督员，参与河湖监督；④与邮政局深度合作，开展护河邮路行动，安排邮递员检查投递邮件途经的邮路段河湖情况，通过问题反馈督促河湖严管精护；⑤组织河长制进校园，鼓励大学生、党（团）员青年、中小学生参与河湖管理保护，发挥青少年团体的生力军和突击队作用。

苏州市落实河长制的工作成效受到党和国家的高度肯定，其中《“东方水城”的嬗变之路——江苏苏州市以河长制湖长制为抓手推动生态美丽河湖建设实践》被《贯彻落实习近平新时代中国特色社会主义思想在改革发展稳定中攻坚克难案例》丛书收录为生态文明建设优秀典型案例之一。此书由中共中央组织部组织编写，书中收录的苏州市案例在全国开展的“不忘初心、牢记使命”主题教育活动中，供广大党员干部学习。

第6章 河长制的未来

发源于实践沃土、服务于水生态文明建设的河长制将是一个长期工作，并且会有阶段性的目标任务。现阶段河长制的重点任务是解决水环境突出问题，而随着河长制的不断深化落实，以水环境、水生态、水资源的系统治理为最终目标，实现水的全面整体向好，河长制的未来将是回归人民的感知，并融入社会发展与生态文明建设中，面临常态化、社会化、智慧化的趋势。

6.1　回归人民感知

河长制的出现与深化落实，无不以人民的根本利益为出发，其核心还是围绕人民、服务人民。无论是水环境的持续改善、水生态的更大修复还是水资源的高效利用，系统治理一定是以效果为导向，以人民的感知为最终追求。人民对水的感知既包括饮水安全、水资源充沛，也包括游水玩水、水文化品位。这样才能拉近人民群众与水的距离，建立与水的感情，从而让人民从内心深处意识到水对生命的意义，形成自主的保护意识、保护欲望，更大程度地提升人民对水的自觉保持与维护，进而有更多接触到水的机会，建立一种良性循环。

因此，河长制的未来不仅是解决水现阶段的问题，更是要回归到人民，依靠于人民，提升对水的利与用、护与品，以水为媒增强百姓的获得感、幸福感、安全感，实现人类社会水的文明。同样的，不论是垃圾分类还是乡村振兴建设，都是回归人民，都与河长制、与系统治理有内在联系。

6.2　常态化趋势

河长制是成长于现有的机制体系，将河道的系统责任集中于党政领导，补充了过去对河道管理分散而无统筹的责任盲区，让河道水环境管理成为党政领导继经济发展、社会建设之后的又一个重要政绩任务。但河长制的未来将是融入现有机制体系，成为政府统筹管理工作的组成部分，成为省长、市长、县长脑海中必须要考虑的常规工作，而不一定要依靠强调河长制来约束责任。未来对河长制工作考核、责任考核也将融入到现有考核体系，成为其中的一部分，但不是重要部分，现阶段之所以重要是因为水的问题突出，而河长制是有效的解决机制。

因此，未来的河长制将会常态化，成为现有社会管理体系的一部分，党政领导就是河长、河长就是党政领导，河长制衔接并融入于现有体制机制当中，特征也不会像现在这般明显，成为常态化的机制体系的组成。

6.3 社会化趋势

河长制现阶段是以系统治理为重心，实现水修复、水安全，更好地服务于社会发展、乡村振兴，是政府主导的责任。河长制的未来将是社会化的责任，其原因如下：

（1）政府有责任更有压力。水污染是社会发展、全民受益的结果，政府服务于人民承担治污的社会责任，但同时政府也面临扶贫攻坚、产业结构调整、经济提质增效以及应对国际社会风云突变等问题，现阶段河道治理是“政府主导、社会参与”，未来应该是“政府指导、社会为主”，社会个人与团体应该承担起河流保护、水资源节约的受益主体责任，实现水生态环境长治久安，维持在一个良好水平。

（2）依靠市场和文化支撑有迹可循。在全社会开展消黑除劣的整治工作中，已经形成一批产业力量，市场机制的作用为水环境治理改善做了重要支撑，未来也必将发挥

更大的作用。同时，作为生态文明意识的组成，水文化是推动水安全、水文明建设的重要保障，中国的水文化源远流长，加以弘扬和利用将在意识层面发挥更大的作用。

因此，河长制要克服经济的压力、发挥市场的力量、文化的力量，一定是面向社会化的趋势，而不仅仅是束缚于河长的责任。

6.4　智慧化趋势

在河道治理、河长落实工作中，信息化、数据化的手段在一定程度上有较为广泛的应用，在水质监测、污染源监控等方面技术应用较多，为智慧化的趋势奠定了基础。未来随着智慧化的推广应用，以及万物互联数据信息流通程度的提升，在河道的管理防控方面，以数据为基础进行集成与建模分析，将城市发展与生态气候变化等更多更大范围的数据进行集成分析，监控和分析影响河道水生态环境的各项因素，完成智慧化病理分析与精准施治、智慧化管控与预警、智慧化巡河与社会参与的引导等，这将是可以预见的河长制发挥作用的主战场。

正如同改革开放进入深水区一样，在全国推行的河长制作为深化改革机制创新的典型代表，也正面临深化落实的攻坚任务，河长制如何从“有名”到“有实”再到“有效”，如何发挥各级河长的统筹作用，补充和落实政府的管理责任，如何实现两手发力，变社会参与为社会主导，将是河长制下一阶段落实的重要工作内容。只有准确把握河长制的初心，从体制机制的变革到突破落实细节的难点，从顶层设计到基层实践，对河长制有一个系统的理解和认知，才能更准确、更高效、更细致地将河长制落实到方方面面，实现水生态文明建设的长治久安，为加快生态文明建设奠定坚实的根基。